유기합성실험

박 정 환

도서출판 동화기술

머리말

대부분의 유기화합물 합성은 일반적으로 몇 가지의 계통적인 유기단위반응으로 이루어진다. 따라서 유기단위반응을 계통적으로 이해하고 유기합성 반응조작의 기본원리를 습득하여 활용할 수 있는 노력이 필요하다. 즉, 실험과정에 있어서 합성시약의 선정, 반응조건, 실험순서, 반응장치의 조립, 생성물의 수량과 정제 및 성질 확인 등 일련의 실험과정을 정확하게 이해하고 과학적인 접근방법을 습득하고자 하는 것이 본 유기합성실험의 목적이다.

본 실험서는 이러한 점에 유의하여 화학 · 화공 분야에서 유기화학실험 혹은 유기합성실험에 필요한 기초실험조작법과 유기화합물 확인법에 대한 기초이론을 바탕으로 유기화합물 및 고분자물질의 합성실험을 쉽게 습득할 수 있도록 하였다. 그리고 가능한 한 대학의 실험여건에 맞는 실험기구 및 시약들로 실험을 수행할 수 있고 배정된 시간에 실험테마를 충분히 마칠 수 있는 적절한 주제를 선정하도록 노력하였다.

제1장은 유기합성실험에서 알아두어야 할 일반적인 사항, 제2장은 유기합성에 필요한 합성실험장치에 대한 기초실험, 제3장은 유기화합물의 확인실험을 다루었다. 제4장은 유기단위반응에 기초한 여러 유기화합물의 합성법을 다루었고, 제5장은 기본적인 고분자유기화합물의 합성을 수록하였다.

이 책을 집필하는데 있어서 유기화학 및 유기합성에 대한 많은 훌륭한 저서를 참조하였으나 미비하고 부족한 점이 많으리라 여겨진다. 미비한 점에 대하여는 많은 지도와 충고를 받고 계속하여 경험을 축적하여 보완함으로써 향후 내용이 보다 충실해지도록 노력할 것이다. 이 교재가 유기합성에 대한 기초적인 이해와 현장에서의 유기화합물 제조실무에 다소나마 도움이 되기를 바란다.

차 례

03 유기화합물 확인실험

04 유기화합물 합성실험

05 고분자 합성실험

06 부록

01 유기합성실험 일반사항

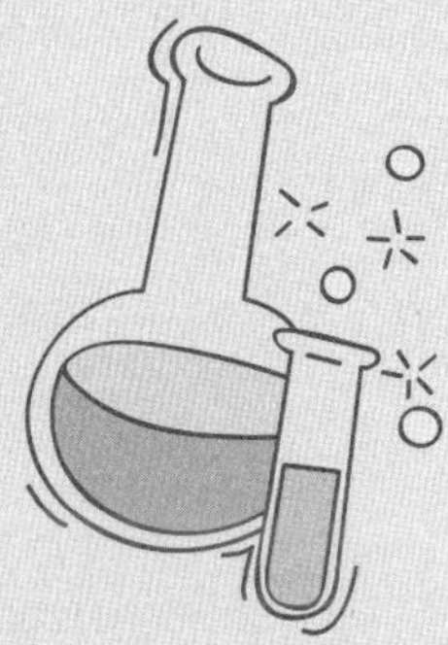

1-1 서론

유기합성실험은 유기화학 이론강의에서 배운 화학반응에 대한 이론을 바탕으로 과학적인 실험방법을 통하여 물질을 합성하는 실험으로서 유기화학반응을 계통적으로 이해하고 유기합성 반응조작의 기본원리를 습득하여 활용할 수 있는 능력을 기르기 위하여 시약 및 기구의 취급에 충분한 사전지식이 필요하다. 하나의 유기합성을 실시하는 데에도 반응시약 원료, 반응용매, 촉매, 추출용매, 건조제 등의 많은 종류의 화학약품을 사용한다. 실험에서 사용하는 대부분의 시약은 위험물이며, 기구는 대체로 유리제 기구를 사용하는 것이 다른 실험과 다른 특징 중 하나이다. 따라서 이들 하나하나에 대한 충분한 지식이 필요하게 된다.

전형적인 유기화합물의 합성실험은 특별한 화합물을 가지고 실험을 하였다 하더라도 이때 사용되는 합성법과 화학반응은 대개 분자간의 전 계열에 적용될 수 있는 일반적인 방법을 나타낸다. 얻어진 합성화합물은 복잡한 생성물들의 혼합물이며 이들은 각각의 성질에 따라 증류, 추출, 재결정 등을 이용하여 순물질로 분리된다. 이렇게 새로이 합성하였거나 분리된 화합물은 녹는점, 끓는점, 밀도 등의 물리상수를 측정하고 분석기기를 이용하여 작용기 등의 자료를 얻어서 화합물을 확인하게 된다.

1-2 실험실의 일반적인 주의사항

1) 실험실에서는 항상 실험복을 착용하여 각종 약품의 위험으로부터 자신의 신체와 의복을 보호한다.
2) 실험 전에 실험실의 통풍이 잘 되도록 실험실 창문을 열고 환기팬과 후드(hood)를 작동시킨다.
3) 실험실에는 인화성 기체 및 약품 등이 비치되어 있으므로 실험실에서는 절대 금연이며, 실험이 시작되면 자리를 떠나서는 안 되고, 잡담 등으로 실험에 지장을 주어서는 안 된다.

4) 실험을 실시하기 전에 실험교과서나 참고서적을 통하여 해당실험에 대한 내용을 충분히 숙지하고 실험지침서에 따라 실험을 실시한다.
5) 실험 지도교수의 지시 없이 학생 스스로 임의의 실험을 해서는 절대 안 된다.
6) 명확하지 않은 사항이 있으면 실험을 실시하기 전에 담당교수에게 반드시 질문해서 확인한 다음 실험에 임한다.
7) 눈을 보호하기 위하여 항상 보안경(goggle)을 착용하고 고무장갑을 끼고 실험에 임한다.
8) 실험실에서 사용하는 대부분의 시약은 위험하고 유독하므로 취급에 각별한 유의를 기울여야 한다. 시약취급시 주의사항은 다음 절에 자세히 다루었으니 잘 숙지하도록 한다.
9) 각 실험에서 다루는 시약에 대한 위험성과 취급법 그리고 물성 등에 대하여 사전조사하여 시약에 대한 지식을 염두에 두고 실험에 임한다.
10) 유리기구는 깨지기 쉬우므로 각별히 유의하고, 가열할 경우에는 반드시 석면판을 사용하여 유기기구에 직접 불꽃이 닿지 않도록 한다.
11) 뜨거운 유리기구는 반드시 집게를 사용하여 취급하고 장갑을 준비한다.
12) 액체를 가열할 때는 끓임쪽(boiling chip)을 넣어 액체가 튀는 것을 방지한다.
13) 증류, 농축 및 가열 등의 조작에서 끓임쪽을 도중에 넣으면 돌비현상(bumping)이 일어나 터지거나 넘칠 위험성이 있으므로 끓임쪽을 미리 넣고 행한다.
14) 인화성 용매가 묻은 것을 건조시에는 전기건조기(electric dry oven)에 넣지 않는 것이 좋다. 노말헥산 추출물을 전기건조기에서 건조하면 폭발의 위험이 있다.
15) 눈에 시약이 들어갔을 때는 먼저 많은 양의 물로 씻어 응급조치를 취한 후 적절한 치료를 받도록 한다.
16) 신체에 산이나 염기 등의 화학약품이 튀었을 시에는 즉시 물로 충분히 잘 닦는다. 응급상황 시에는 재빨리 응급조치를 취하고 적당한 치료를 받는다.
17) 실험대는 항상 깨끗하게 정리정돈하고 시약병, 기구 및 장치 등이 넘어지거나 약품 등이 혼합되어 폭발하거나 화재가 일어나지 않도록 주의한다.
18) 실험 중에 나오는 폐액이나 폐기물 등의 공해물질은 싱크대나 휴지통에 함부로 버려서는 안되며 반드시 정해진 장소에 버려야 한다.
19) 실험이 끝나면 사용한 약품은 제자리에 정리하고 기구는 세척하여 정해진 위치에 놓아둔다.
20) 실험실 퇴실 전에는 전기, 수도, 가스 등을 잘 점검하고 잠금장치를 철저히 한다.

1-3 실험노트 작성방법

(1) 실험예비노트

매 실험을 실시하기 전에 실험과제에 대하여 다음 사항을 요약하여 실험노트에 기술한다.

1) 실험제목(실험일자, 제출자)
2) 실험목적
3) 관련이론
4) 사용되는 실험기구
5) 사용되는 화합물의 종류 및 특성
6) 실험방법 : 실험방법은 흐름도(flow chart)형태로 적는다.

(2) 실험결과노트

실험결과는 실험예비노트 뒤에 연속해서 실제 사용한 시약을 기록하고 실험 중에 관찰한 필요한 내용을 적고 실험에서 얻은 값을 계산하고 그 결과에 대하여 고찰한다.

7) 실험결과 자료
   ① 실험에 사용한 시약 : 양(부피 혹은 질량), 농도
   ② 실험의 중요한 시간간격(반응시간, 건조시간 등), 온도 및 현상의 변화 등과 같은 실험 중 발견된 특별한 사항에 대하여 예비노트 실험방법 흐름도의 해당되는 곳에 간략하게 기록한다.
   ③ 실험에서 얻은 결과
8) 수율(yield) 계산
9) 검토 및 분석
10) 참고문헌

(3) 실험노트 작성시 유의사항

① 매 실험 전에 [실험예비노트]를 작성한다.

② 실험 중에는 실험내용을 이해할 수 있도록 주의 깊게 관찰한다.

③ 실험에 필요한 사항을 되도록 상세히 실험노트에 기록해야 한다.
즉, 실험노트는 깨끗하게 정리된 보고서(report) 문서를 작성하는 것이 아니라 실험에 필요한 모든 사항을 꼼꼼하게 적은 실험노트(experimental note, memo)로 작성한다.

④ 실험 중에 사용된 기구, 시약의 종류와 양 및 순도, 실험순서도(절차), 중요한 시간 간격(반응시간, 건조시간, 증류조작 등의 시간 등), 현상의 변화와 그 외 특기사항들을 기록하여 다른 실험자가 이 실험노트를 참고하여 실험을 실시하여도 동일한 결과를 얻을 수 있도록 해야 한다.

다음은 실험노트의 한 예를 보여주고 있다. 실험노트는 별도의 보고서 용지에 기록하지 않고 한 권의 노트에 연속해서 일괄적으로 기록한다.

<table>
<tr><th>실험 No.</th><th>학 번</th><th>성 명</th><th>실험일자</th><th>검 인</th></tr>
<tr><td></td><td></td><td></td><td>201 . . .</td><td rowspan="2"></td></tr>
<tr><td>실험 제목</td><td colspan="3"></td></tr>
</table>

1) 실험목적
실험에 대한 목적을 간단히 기술한다.

2) 관련이론
실험에 관한 관련지식을 요약하여 기록한다.

3) 사용되는 실험기구
사용되는 기구의 종류, 형태 등을 기술한다.
[특정한 기구의 경우 모양(사진)및 사용법을 약술한다]

4) 사용되는 화합물의 종류 및 특성

시약명	구조식 (혹은 분자식)	사용량 (g 혹은 mL)	농도% (혹은 순도%)	특 징
화합물명을 IUPAC명 혹은 관용명으로 적는다.	화합물의 구조식(혹은 분자식)을 적는다.	실험 중에 실제로 사용한 양을 적는다.		분자량 밀도 b.p. 혹은 m.p. 기타 인체유해여부(발암성) 등에 대하여 조사하여 간략하게 기재한다.

(주1) 반응시약, 촉매, 용매에 사용되는 화합물뿐만 아니라 합성으로 생성되는 화합물도 함께 적어야 한다.
(주2) 물성(농도, 밀도 등)은 시약병에 있는 수치를 우선으로 하고, 없는 경우에는 문헌값을 활용한다.

5) 실험방법

실험의 진행과정을 한 눈에 알 수 있도록 간결하고 명확하게 흐름도(flowchart)로 기술한다.

6) 실험결과 자료

① 시약의 사용량(g 혹은 mL)과 농도(혹은 순도)는 되도록 시약병의 수치를 적고, 자료가 없을 경우에는 문헌값을 적는다.

② 반응온도, 반응시간, 물리적 및 화학적 변화(색깔변화, 상태변화) 등을 관찰하여 실험방법의 흐름도(flowchart) 해당란 옆에 간략하게 기록한다.

7) 수율계산

화학반응식을 적고, 수율을 계산하는 계산과정을 적는다.

8) 검토 및 분석

실험에 대한 종합적인 분석 및 검토 그리고 문제점, 개선할 점 등에 대해 기술한다.

9) 참고문헌

필요하면 인용문헌을 학술지 등에서 통용되는 방식으로 기술

예) 박정환, “유기합성실험”, 신광문화사, 2011, pp.77～80

1-4 실험시약의 등급 및 취급법

1-4-1 시약의 등급

시약(reagent)이란 화학적 방법에 의한 물질의 검출이나 정량을 위한 화학반응 및 유기합성에 사용되는 화합물을 총칭한다. 절대순도를 가진 시약이란 없으며 어느 정도는 불순물을 함유하고 있다. 따라서 불순물의 함유정도에 따라 시약의 등급을 나누게 되고, 불순물이 적게 들어 있을수록 질이 좋은 시약이며 값도 훨씬 비싸다. 그러나 실험에서 항상 고순도의 비싼 시약을 사용하는 것은 아니며 실험의 성질에 따라 낮은 순도의 시약을 사용하기도 한다. 표준용액 조제에 사용하는 표준시약의 순도가 대체로 가장 높다. 정량분석 및 정성분석 실험에서는 고순도의 시약을 사용하게 된다. 합성용 시약은 특별한 경우를 제외하고는 1급시약 이상이면 무난하다. 시약의 순도는 각 제조회사마다 다르며 보통 시약병의 라벨에 분석표가 붙어있다. 순도가 낮은 시약은 증류, 승화, 재결정 등의 방법으로 정제하여 사용하게 된다.

시약은 용도에 따라 일반적으로 정량분석용, 정성분석용, 합성용 등으로 나눌 수 있는데 시약의 등급은 국가마다 달리 규정하고 있다. 시약의 등급은 일반적으로 다음과 같이 나눈다.

① 특급시약(Guaranteed Reagent, GR) – 일반화학분석, 정밀분석
② 1급시약(Extra Pure reagent, EP) – 보통 화학실험, 실험실 시험
③ 화학용시약(Chemical Pure reagent, CP) – 화학용, 기기 · 기구 세척용
④ 공업용시약(Technical Grade, TP) – 공업용

이외에 HPLC 및 GC용 등의 용도별 지제시약(Specially Prepared reagent, SP), ACS시약 [American Chemical Society(ACS) Analytical reagent], 진단시약 등이 있다. 독일의 유명한 약품회사인 E. Merk의 경우 시약의 표지에 감색(navy blue, 특급), 흑색(black, 1급), 적색(red, 공업용급)의 리본으로 구분하기도 한다.

1-4-2 시약의 취급법

시약의 취급이 부적절하면 안전사고의 위험이 있을 뿐 아니라 실험반응의 결과에도 오류가 생길 수 있으므로 시약은 신중하게 다루어야 한다.

① 대부분의 시약은 유독하므로 절대 맛을 보아서는 안 된다.

② 시약은 사용 전에 반드시 시약병의 라벨을 확인한 후 사용하도록 한다. 시약의 라벨에 기재되어 있는 화합물 이름 및 분자식, 순도(백분율), 비중 등은 메모해 두는 것이 필요하다.

③ 약품의 병마개를 처음으로 열 때에는 주의해서 열어야 한다. 병마개가 코르크일 경우에는 부스러기가 들어가지 않도록 유의하며, 파라핀으로 봉해져 있으면 이를 먼저 깨끗이 제거하고 마개를 연다.

④ 시약의 냄새를 맡고자 할 때에는 얼굴을 향하여 손으로 부채질을 하여 냄새를 맡도록 하고 다량의 기체를 흡입하지 않도록 주의한다.

⑤ 기체가 발생하는 시약은 후드 안에서 사용해야 한다.

⑥ 시약병 속에 피펫을 직접 넣어서 시약을 덜어서는 안 된다.

⑦ 시약을 덜 때에는 미리 필요한 양을 알아서 필요한 만큼만 시험관 또는 비커 등에 받아서 사용하여야 한다. 이때 비커 등의 기구에서 피펫을 사용한다.

⑧ 사용한 시약은 가능한 빨리 뚜껑을 닫아야 한다. 이것을 게을리 하면 시약용액의 농도가 변화하거나 조해성 시약은 공기중의 CO_2 등을 흡수하여 변질되는 경우가 있다.

⑨ 시약병의 뚜껑을 실험대 위에 놓으면 다른 시약병의 뚜껑과 혼동될 우려가 있을 뿐만 아니라 실험대 위의 불순물이 묻을 염려가 있으니 주의한다.

⑩ 쓰고 남은 시약을 다시 시약병에 넣는 것은 삼가야 한다.

⑪ 용액을 묽힐 때에는 진한 용액을 물이나 묽은 용액에 잘 저으면서 서서히 가한다. 즉, 묽은 황산용액을 만들 때에는 물에다 황산을 가하여야 하며, 이때 열이 발생하므로 저어주면서 서서히 가해 주어야 한다. 황산에다 물을 가하면 발열반응에 의하여 용액이 튀어 위험하므로 절대로 이렇게 해서는 안 된다.

⑫ 조제시약은 조제 후 즉시 라벨을 반드시 붙인다. 라벨에는 시약명, 농도, 용도, 조제일자, 조제자 이름을 기입해 놓는다. 라벨은 잉크나 볼펜으로 쓰면 약품의 증기에 의해서 표백되어 지워질 수 있으므로 라벨 위에 투명 테이프를 붙여두면 좋다.

⑬ 가연성 시약(에테르, 이황화탄소, 아세트산에틸, 헥산 등)은 화재의 위험이 있으므로 각

별히 유의한다.

⑭ 알칼리금속(Li, Na, K)은 물과 급격하게 반응하여 수소화 화합물을 만들어 폭발성의 기체를 발생하므로 물(수분)과의 접촉을 피한다. 이 물질의 보관은 석유류 액체 속에 보관한다.

⑮ 쓰고 남은 시약의 뒤처리에 신중을 기해야 한다. 금속 나트륨(Na) 및 칼륨(K), 생석회(CaO), 염화알루미늄($AlCl_3$) 등은 발화성물질로 쓰레기통에 함부로 버려서는 절대 안 된다.

1-4-3 시약의 정제

약품의 순도는 제조회사에 따라 다르며 대개 시약병에 표시되어 있다. 그러나 명시되어 있어도 신뢰할 수 없는 것이 많고, 어떤 시약은 자연산화되어 순도가 떨어지는 경우가 있으며, 또 어떤 시약은 중합방지제와 같은 안정제가 첨가되어 있는 경우가 있으므로 경우에 따라서는 시약의 순도를 확인한 다음 필요하면 정제하여 사용해야 한다. 시약병을 확인한 후 순도가 약한 시약은 다음과 같이 정제한다.

고체시약이면 녹는점을 측정하여 순물질인지를 확인하고, 그 결과 불순하면 재결정하여야 한다. 재결정은 온도에 따라 용해도 차이가 커야 한다. 요오드와 같이 승화하기 쉬운 고체는 승화법으로 정제한다.

액체시약의 정제는 주로 증류법을 사용하며 시약에 따라 이온교환법, 전기분해법, 크로마토그래피법, 용매추출법, 염석법 등을 사용한다. 예를 들면, 벤즈알데하이드(benzaldehyde)는 증류만으로는 완전히 순수하게 정제할 수 없으므로 우선 에테르(ether) 용액에 용해시키고 탄산나트륨 용액을 첨가하여 산을 제거한 다음 감압증류하여 정제한다. 또 아닐린(aniline)이 착색된 것은 소량의 철 분말을 넣고 증류하면 깨끗이 정제된다. 정제된 시약을 건조할 때에는 일정한 온도에서 일정한 조성을 가져야 하므로 특히 주의하여야 한다.

1-5 시약의 위험성

실험실에서 사용하는 시약은 화재나 폭발뿐만 아니라, 호흡에 의한 흡입 및 피부를 통한 흡수에 의해 인간의 생리기능에 장애를 입히는 위험성이 있다. 위험성에는 가연성(inflammabilitity), 폭발성(explosivity) 외에 인체에 대한 독성(toxicity)과 부식성(corrosivity), 발암성(carcinogenicity) 등이 있다. 이러한 물질의 수는 수없이 많으므로 여기서 일일이 설명할 수 없고 약품을 취급할 때 그 라벨에 주의하여 독극물 등의 지정이 있는 약품에 관해서는 편람이나 핸드북 등에서 그 독성에 관한 충분한 지식을 가져야 한다. 그리고 유독물질의 취급 시에는 환기에 유의하여 후드 중에서 취급을 하는 것이 바람직하고 직접 만지지 않도록 보호장갑을 착용해야 하는 등 특별한 주의가 필요하다.

유기합성에서 주로 취급하는 위험성을 가진 시약을 살펴보면 다음과 같다.

(1) 인화성(발화성) 물질

펜탄(pentane), 다이에틸 에테르(diethyl ether), 다이메틸 에테르(dimethyl ether), 아세톤(acetone), 헥산(hexane), 트라이에틸알루미늄(triethylaluminium), 이황화탄소(carbon disulfide) 등

이중에서 이황화탄소는 수증기중탕(steam bath) 온도에서도 자연발화 할 수 있다.

(2) 폭발성 물질

피크르산(picric acid), 트라이나이트로톨루엔(trinitrotoluene), 나이트로글리세린(nitroglycerin), 염소산암모늄(ammonium chlorate), 2,4-다이나이트로페닐 하이드라진(2,4-dinitrophenyl hydrazine) 등 폴리나이트로(polynitro) 화합물

(3) 피부를 통해 흡수되는 화학물질

나이트로벤젠(nitrobenzene), 아닐린(aniline), 사염화에탄(tetrachloroethane), 페놀(phenol), 다이메틸황산염(dimethyl sulfate), 페닐하이드라진(phenyl hydrazine) 등

(4) 독성 물질

사이안화물(NaCN, KCN 등), 산화베릴륨(BeO), 탄산바륨($BaCO_3$), 알칼로이드(alkaloid, 모르핀, 니코틴 등) 등

(5) 부식성 물질

아세트산(CH_3COOH), 진한 황산(conc. H_2SO_4), 진한 염산(conc. HCl), 플루오르화수소산(HF), 수산화나트륨(NaOH, 가성소다), 수산화칼륨(KOH), 페놀(phenol) 등

(6) 발암성 물질

발암물질(carcinogen)은 암을 일으킬 수 있는 모든 물질로서 실험동물에 투여하였을 때 비교적 짧은 시일 안에 높은 비율로 암을 발생시킬 수 있는 화학물질, 방사선, 바이러스 등의 물질이다. 발암물질의 분류는 보통 국제암연구소(IARC, International Agency for Research on Cancer) 분류기준과 미국 국립보건원(NIEHS, National Institute of Environmental Health Sevirces) 분류기준이 있다. 두 기관의 암분류 기준 및 물질이 완전히 일치하지는 않으나 거의 비슷한 유형을 가지며 두 기관에서 발표되는 발암물질은 국제적으로 인정받고 있다.

실험실에서 흔히 사용하고 있는 발암물질 혹은 발암예상물질에는 벤젠(benzene), 아세트알데하이드(acetaldehyde), 나이트로벤젠(nitrobenzene), 폼알데하이드(formaldehyde), 사염화탄소(carbon tetrachloride), 염화바이닐(vinyl chloride), 페놀프탈레인(phenolphthalein), 클로로폼(chloroform), 산화에틸렌(ethylene oxide), 퓨란(furan), 나프탈렌(naphthalene) 등이 있다. 따라서 이러한 물질을 접하거나 취급할 때는 특히 주의를 더 기울여야 함을 명심해야 한다. 부록 VIII에 실험실 시약 및 일상생활에서 흔히 접할 수 있는 발암물질들을 발췌하여 수록하였다.

1-6 응급처치법

1) 눈에 시약이 들어갔을 때는 눈을 비벼서는 안 되며 깨끗한 물로 충분히 씻고, 시약이 산일 경우에는 묽은 탄산수소나트륨($NaHCO_3$) 용액으로 씻고 알칼리인 경우에는 붕산용액으로 씻어 준 다음, 신속히 의사의 검진을 받는다.
2) 황산, 염산, 아세트산 등의 산이 피부에 묻었을 때는 우선 수돗물로 닦아내고 $NaHCO_3$용액으로 씻고 말린 다음 바셀린, 아연화연고를 바른다. 심하면 의사의 진단을 받는다.
3) 수산화나트륨 등의 알칼리 부식성 시약이 피부에 묻었을 때는 물로 충분히 씻고 묽은 식초산으로 씻은 다음 아연화연고를 바른다. 심하면 의사의 진단을 받는다.
4) 시약이 피부나 옷에 묻었을 때는 다량이 물로 시약이 없어질 때까지 충분히 닦아낸다.
5) 의복에 불이 붙었을 때는 당황하지 말고 침착하게 젖은 수건이나 실험복으로 덮어 끄던지 물을 뿌려 소화한다. 근처의 안전샤워(safety shower)를 이용하는 것도 좋은 방법이다.
6) 시약에 불이 붙었을 때는 모든 열원(버너, 전기 등)을 끄고 인화성 물질이나 용매를 멀리 격리시킨다. 물과 잘 섞이는 시약에 불이 붙었을 때는 물로 소화하여도 무방하나, 잘 섞이지 않는 시약에 불이 붙었을 때는 절대로 물을 사용해서는 안 되고 이산화탄소나 모래를 사용하여 소화하여야 한다.
7) 유독가스(염소, 브롬, 황화수소, 암모니아 등)를 들이마셨을 때는 즉시 앉거나 누워서 심호흡을 한다. 상당한 양의 증기를 들이마셨을 때는 인공호흡을 시키고 즉시 의사의 진료

를 받는다.

8) 베였을 경우에는 에탄올로 소독하고 붕대 등으로 지혈을 한다.

9) 유기물이 피부에 묻었을 때는 즉시 알코올로 닦아내고 비누와 온수로 씻어 피부에서 유기물을 제거한다.

1-7 화합물에 대한 정보

시약에 대한 여러 가지 물리적 특성, 즉 녹는점(melting point), 끓는점(boiling point), 굴절률(refractive index), 밀도(density), 용해도(solubility), 색(colour), 냄새(flavor) 등에 대한 자료 및 화학적 특성에 대한 자료를 찾아보기 위해서는 화합물 관련 참고문헌이나 혹은 다음의 외국 참고문헌이 많은 도움이 된다.

1) 화학약품대사전(상 · 하권)
2) 유해화학물질편람
3) Handbook of Chemistry and Physics
4) Handbook of Chemistry
5) Dictionary of Organic Compounds
6) Merck Index
7) MSDS(Material Safety Data Sheet)
8) CAS No.(Chemical Abstracts Service Registry Number)

MSDS (Material Safety Data Sheets)는 물질안전보건자료로 화학물질 제조 · 수입 · 사용 · 운반 또는 저장하는 사업주가 해당물질에 대한 유해성 평가 결과를 근거로 작성한 자료이다. 현재 우리나라의 화학물질 유통량은 약 35,000여종(전 세계 10만종)으로 추정된다. 이러한 화학물질을 종합적 · 체계적으로 관리할 필요에 따라 미국, 일본, EU, 캐나다 등이 이 제도를 시행하고 있고, 우리나라도 1996년부터 시행하고 있다. 따라서 MSDS에 대한 자료로부터 시약의 물리화학적 데이터를 쉽게 얻을 수 있으며(한글/영어) 이것은 인터넷 등을 통하여 편리하게 검색해 볼 수가 있다.

CAS No.(Chemical Abstracts Service Registry Number)는 세계적으로 가장 큰 학술단체인 미국화학회(American Chemical Society)에서 화합물 및 화학 관련 논문 등의 화학과 관련된 일체의 정보를 수집·정리해 놓은 데이터베이스로서 Chemical Abstracts(C.A.)에 등록되어 있는 화합물의 고유번호이다. CAS NO.는 미국 화학회의 한 분파로서 새로운 화학물질이 만들어질 때마다 신청을 하게 되면 조사 후 번호를 부여하고 있다. C.A.는 6가지의 주요 색인인 저자(author), 일반주제(general subjects), 화학물질(chemical substance), 화학식(chemical formular), 특허(patent), 색인(index)으로 되어 있다. 따라서 CAS No.를 찾으면 각 화합물에 대한 정보를 얻을 수 있다. C.A.의 완전한 정보수집은 C.A.에서 발행되는 두 개의 주제 색인인 Subject index나 Chemical substance index를 잘 살피는 것이 필요하다.

유기화합물 제법에 대한 참고자료는 다음과 같다. 이들은 도서관에 비치되어 있거나 시판되고 있는 참고자료들이다.

1) 유기합성
2) 유기합성화학
3) Organic Synthesis
4) Organic Reactions
5) Synthesis Organic Chemistry
6) Chemistry of Carbon Compounds
7) 有機化合物辭典(유기합성화학협회편, 일본) 등

1-8 실험기구 사용법

1-8-1 유기합성실험에서 상용되는 실험기구

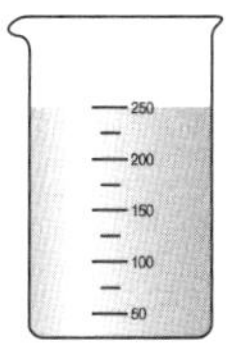

비커
(beaker)

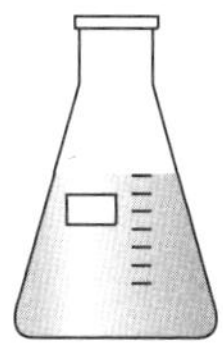

삼각플라스크
(Erlenmeyer flask)

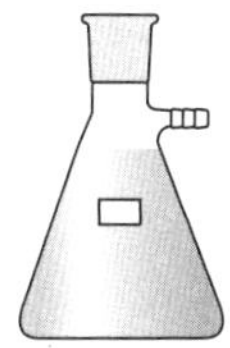

여과플라스크
(filtering flask)

용량플라스크
(volumetric flask)

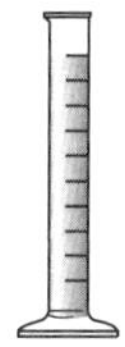

눈금실린더
(graduated cylinder)

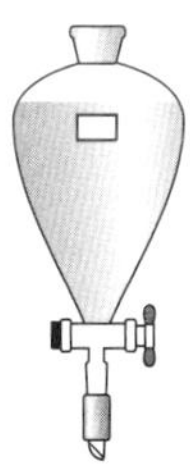

분액깔대기
(separatory funnel)

적하깔대기
(dropping funnel)

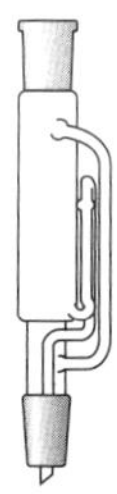

속슬렛
(Soxhlet)

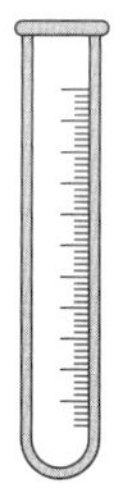

시험관
(test tube)

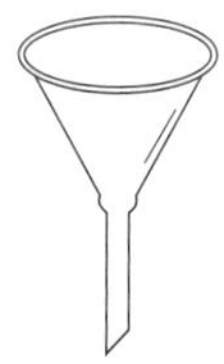

삼각깔대기
(funnel)

뷰흐너깔대기
(Buhner funnel)

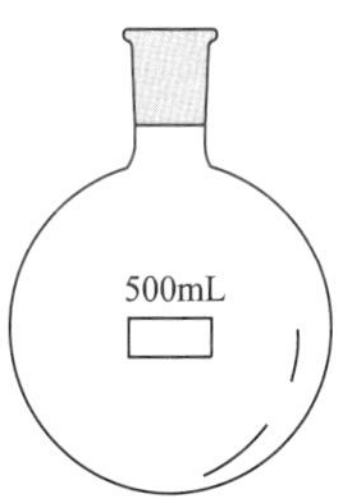

1구(one neck)

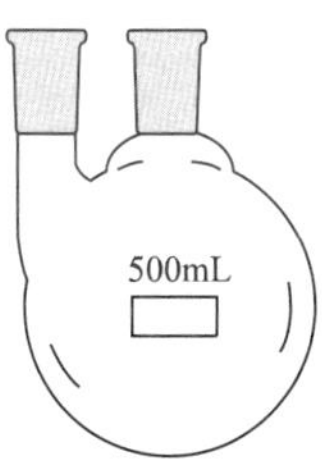

2구(two neck)

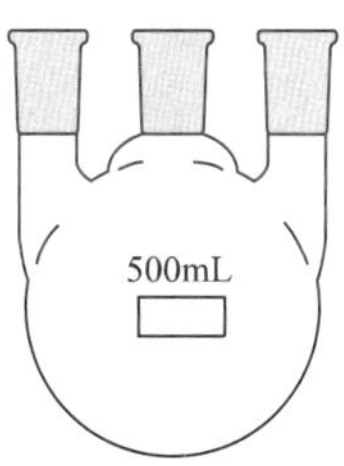

3구(three neck)

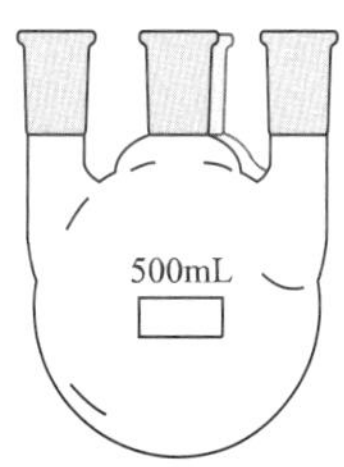

4구(four neck)

둥근바닥플라스크(round bottom flask)

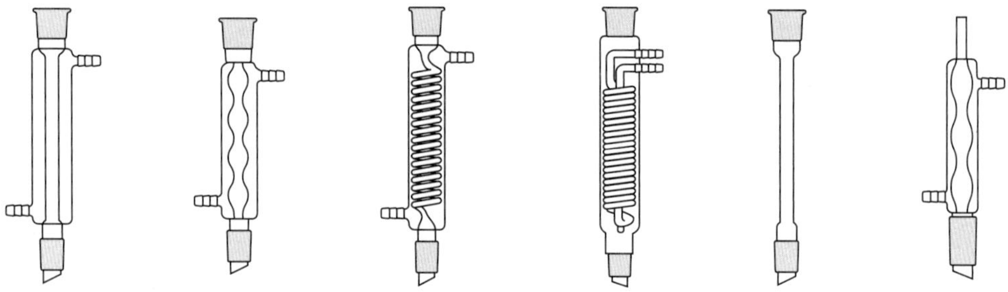

리비히 (Liebig) 구관 (Allihn) 나사관 (Graham) 환류 (Dimroth) 공기 (air) 속슬렛 (Soxhlet)

냉각기(condenser)

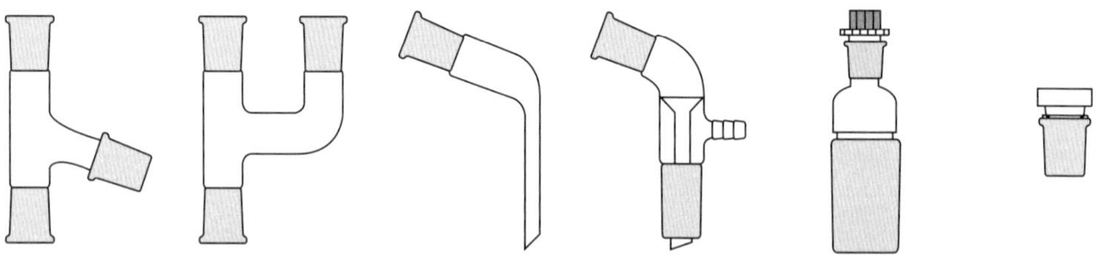

3구 (3way) 클라이젠 (Claisen) 증류 (distilling) 진공 (vacuum) 온도계 (thermometer) 마개 (stopper)

연결관(adapter)

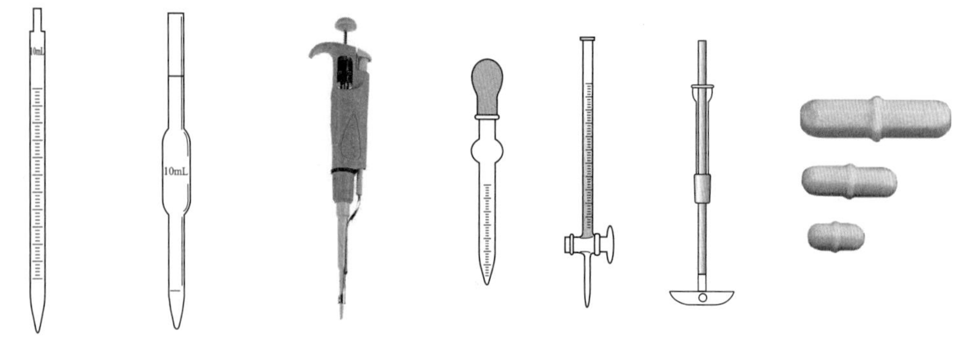

피펫 (pipet) 홀피펫 (volumetric pipet) 마이크로피펫 (micropipette) 스포이드 (spoid) 뷰렛 (buret) 교반봉 (stirrer rod) 자석 교반기 (magnetic stirrer)

중탕냄비
(water basin)

항온수조
(water bath)

데시케이터
(desiccator)

지지대
(support jack)

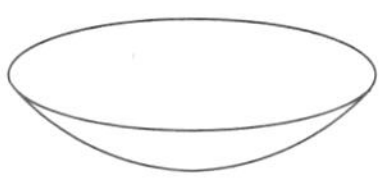

시계접시
(watch glass)

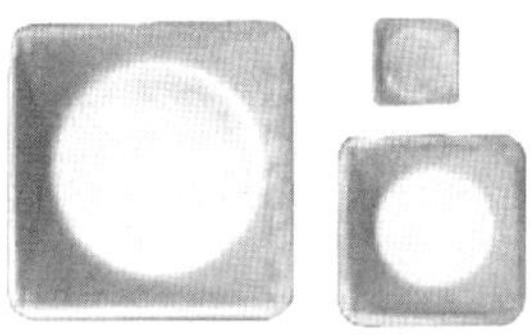

계량접시
(weighing dish)

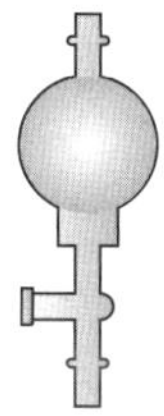

피펫 충전기
(pipet filler)

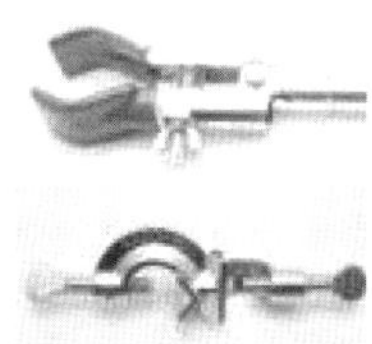

클램프
(clamp)

가열 망태기
(heating mantle)

가열판
(hot plate)

석면망
(wire gauze)

전자저울
(electronic balance)

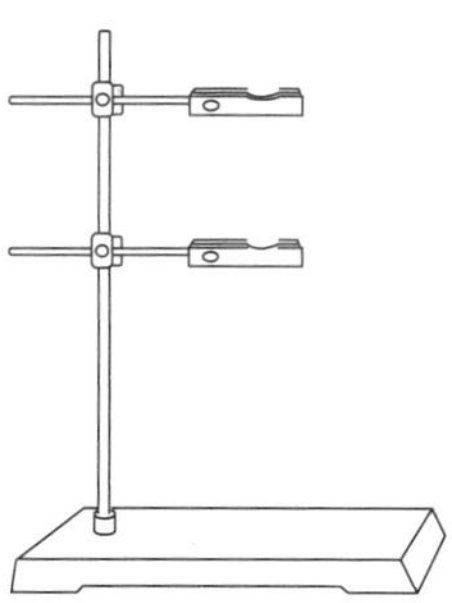

뷰렛 지지대
(buret support stand)

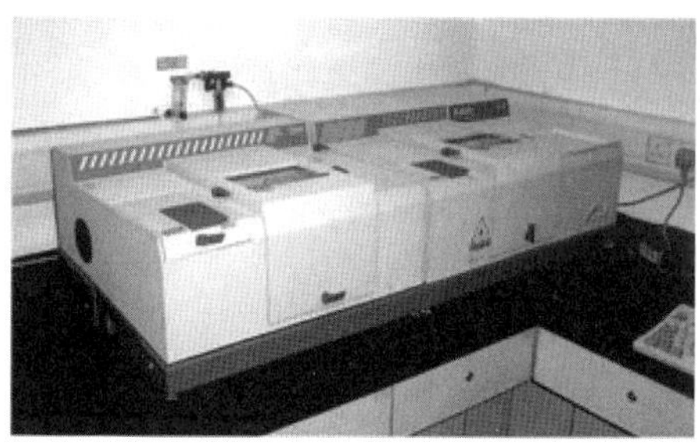

적외선분광광도계
(FT-Infrared Spectroscopy)

그림 1-1 유기합성에서 상용되는 실험기구

1-8-2 부피측정기구 사용법

액체의 부피를 측정하는 기구로는 여러 가지 종류 및 규격의 기구가 사용되는데 용량플라스크(volumetric flask), 뷰렛(buret), 피펫(pipet), 눈금실린더(graduated cylinder)가 주로 사용된다. 눈금이 새겨진 비커나 플라스크를 사용할 수도 있으나 이러한 것들은 정확한 부피측정에는 부적합하므로 어림측정을 할 때만 사용한다. 보다 정확한 미량의 부피측정을 위해서는 마이크로피펫(micropipet)을 사용하기도 한다. 따라서 부피를 측정하고자 하는 액체의 분량과 측정 목적에 따라서 사용할 기구가 선택된다.

(1) 용량플라스크(volumetric flask)

용량(부피)플라스크(또는 메스플라스크, mess flask)는 일정한 부피의 액체를 정밀하게 잴 수 있는 기구로서 플라스크의 목부분에 표선이 나 있어 그 표선까지 채웠을 때 표시된 부피를 정확하게 나타내게 된다. 흔히 일정한 농도의 용액을 만들 때 사용되기도 한다.

먼저 용질의 양을 정확히 측정하여 플라스크에 넣고 표선까지 약간 못 미친 위치까지 용매를 채운 후 마개를 막고 잘 흔들어서 균일한 용액이 되게 한 후에 정치하여 용매로 표선에 메니스커스를 정확히 맞춘다. 물론 이때 검정된 온도에서 용액을 만들어야 한다.

(2) 눈금실린더(graduated cylinder, messzylinder)

눈금실린더는 원통형의 유리그릇에 눈금을 새긴 것으로서 측정하고자 하는 부피에 적합한 것을 사용하여 액체의 부피를 근사 측정하는데 유용하다. 보통 0.5% 이하의 정확도가 요구되는 근사측정에 주로 이용된다.

(3) 뷰렛(buret)

뷰렛은 눈금실린더보다 더 정확한 측정이 필요할 때 쓰이며, 특히 필요한 부피의 액체를 취하거나 반응그릇에 들어가는 부피를 측정할 때 매우 편리하도록 위에서부터 눈금이 새겨져 있다. 뷰렛을 사용하기 전에 코크(cock)의 틈으로 액체가 새는지를 확인하여야 한다. 뷰렛에 액체를 채울 때에는 깔때기를 사용하여 채우며, 처음에 나타낸 눈금과 나중의 눈금을 읽어 그 차이로부터 취한 액체의 양을 알아낸다. 뷰렛의 코크는 왼손으로 감싸 쥐고 손가락의 끝부분으로 코크를 안쪽으로 조금씩 잡아당기면서 서서히 돌려 코크를 연다.

뷰렛 사용시 주의사항은 다음과 같다.

① 뷰렛은 반드시 수직으로 장치한다.

② 뷰렛은 물로 잘 씻은 후 사용할 용액으로 2~3회 정도 씻은 후 사용한다.

③ 뷰렛에 액체를 채우거나 또는 뽑아 낸 다음 약 1분여 동안 기다려 유리벽에 묻은 액체가 모두 흘러내린 다음 눈금을 읽는다.

④ 뷰렛의 눈금은 0.1mL로 구분되어 있으므로 그 눈금을 10등분하여 대략 0.01mL의 정밀도를 나타내도록 읽는다.

(4) 피펫(pipet)

피펫은 일정한 부피의 액체를 취하는 경우에 편리한 기구이며, 일정한 양만을 측정하도록 피펫의 규격전량에 표선을 붙인 홀피펫(hole pipet)과 뷰렛과 같이 눈금이 새겨진 눈금피펫이 있다. 피펫으로 액체를 취할 때에는 피펫 충전기(pipet filler)를 사용하는 것이 안전하며 입으로 빨아서는 안 된다. 부득이 입으로 빨아들일 경우에는 인체에 유해한 액체인지를 확인한 후에 입속으로 액체가 들어가지 않도록 각별히 조심한다.

(5) 피펫 충전기(pipet filler) 사용법

수용액이나 용매의 부피를 피펫으로 정확하게 취하고자 할 때에는 피펫 충전기를 사용한다. 피펫 충전기의 사용법은 다음과 같다.

① 피펫 충전기에 피펫을 끼운다.

② 밸브 A를 엄지손가락과 집게손가락으로 누른 다음 용액을 빨아들일 수 있도록 다른 손으로 큰 공을 꽉 쥐어 압축하여 진공으로 만든 후 밸브 A를 놓는다.

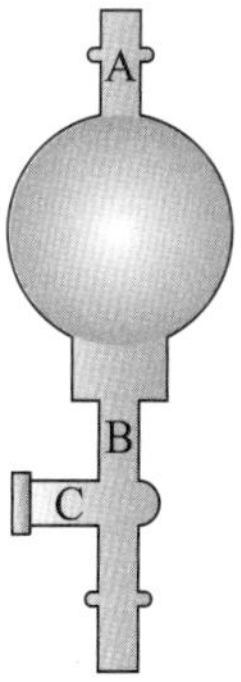

그림 1-2 피펫 충전기 (pipet filler)

③ 피펫을 용액이 들어 있는 용기에 넣은 다음 밸브 B를 엄지손가락과 집게손가락으로 눌러 용액을 원하는 양만큼 정확히 빨아올린다. 이 때 용액이 충전기까지 들어가지 않도록 각별히 주의한다.

④ 뽑아 올린 용액을 다른 용기에 옮기려면 밸브 C를 누른다.

⑤ 피펫의 용액을 전부 빼내려면 밸브 C의 압력을 유지하면서 가운뎃손가락으로 밸브 C의 입구를 막고 작은 공을 누르면 된다.

※ 주의 : 피펫에 용액을 취할 때 충전기 안으로 용액이 들어가면 밸브가 녹이 슬어 제대로 작동하지 않으므로 주의하여야 한다.

(6) 유리기구의 부피눈금 읽는 법

유리기구의 눈금을 읽을 때에는 눈금이 새겨진 부분이 수직이 되도록 세워서 눈금을 읽어야 하며, 눈의 높이를 액체의 메니스커스(meniscus)와 같이 하고 메니스커스의 밑바닥에 해당하는 위치를 읽는다. 액면이 눈금과 눈금 사이에 있을 때는 한 눈금의 10분의 1까지 정확하게 읽도록 한다.

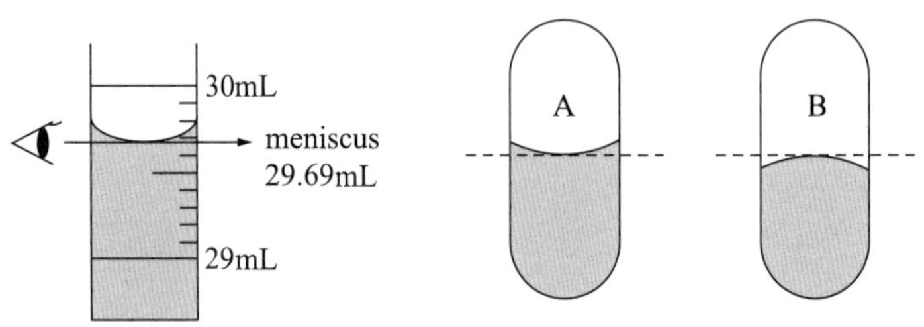

그림 1-3 메니스커스 눈금 읽는 법

1-8-3 질량측정기구 사용법

질량측정은 화학실험에서 가장 기본적인 조작 중의 하나이며 이를 위하여 여러 가지 종류의 저울이 각각의 용도에 따라 사용된다. 저울의 선택은 측정하고자 하는 정밀도에 의하여 결정되는데, 보통 0.1g 단위의 측정에는 어림저울이 쓰이고 그 이상의 정밀도를 요하는 측정에는 화학저울(chemical balance)이 사용된다. 보통 실험실에서 사용되는 화학저울은 제작회사에 따라 여러 모양의 다른 제품이 나와 있고 사용법도 약간씩 다르므로 저울의 완전한 조작능력을 숙달해야 한다. 화학저울은 아주 섬세하게 만든 기기이므로 그 설명서를 잘 읽고 조심스럽게 다루어야 한다.

최근에는 전자저울(electronic balance)이 많이 보급되어 널리 사용되고 있으며 이것은 측정된 질량을 모니터 화면에 디지털로 보여준다. 전자저울도 화학저울과 마찬가지로 매우 정밀한 기기이므로 그 취급에 세심한 주의를 기울여야 한다. 제작회사에 따라 여러 가지의 형태와 기능을 가진 각양각색의 제품이 나와 있고 사용법도 약간씩 다르므로 취급설명서를 참조하여 그 조작법을 완전히 숙지하여야 한다.

시약을 저울에 올려놓기 위하여 계량병(weighting bottle)이나 계량접시(weighing dish)에 담아서 재게 된다.

1-9 초자기구의 취급법 및 세척법

1-9-1 초자기구의 취급법

유기합성시에는 실험시약뿐만 아니라 실험기구를 다루는 방법을 잘 알아야 훌륭한 합성결과를 얻을 수 있다. 유기합성실험에서 사용하는 기구는 대체로 화학약품과 반응을 일으키지 않는 유리제 기구가 주류를 이룬다. 일반적으로 실험에 사용하는 이화학용 유리는 붕산이 함유된 붕규산염의 비결정질 유리로서 값이 비싸고 내구성, 내열성, 내충격성, 내화학성이 강하며 열팽창계수가 비교적 적으므로 넓은 온도변화범위에서 사용이 적합하다. 그러나 초자기구(유리기구)는 깨지기 쉬우므로 취급에 세심한 주의가 필요하다.

① 유리기구는 흠집이 조금만 있어도 깨지기 쉬우므로 사용 전에 흠이나 금이 간 것이 있는지를 잘 살피고 완전한 것을 사용한다.

② 유리기구는 경도는 강하나(6~7) 깨지기 쉽고 깨진 부분은 예리하므로 주의하여야 한다.

③ 유리기구를 가열할 때는 반드시 석면망(wire gauze)을 사용하여 유리기구에 직접 불꽃

이 닿지 않도록 한다.

④ 두꺼운 유리기구는 갑자기 가열하면 파손되므로 주의한다.

⑤ 유리기구의 바깥쪽에 액이 묻은 채로 가열하면 깨지는 경우가 있으므로 물기를 모두 닦은 다음에 가열한다.

⑥ 비커, 플라스크, 시험관은 두께가 얇아 기계적 강도가 약하므로 가열할 때 특히 주의한다.

⑦ 뷰렛(buret), 피펫(pipet), 눈금실린더(mess cylinder) 등과 같이 눈금이 있는 유리기구는 절대 가열해서는 안 된다.

⑧ 뜨거운 유리기구는 반드시 집게를 사용하여 취급하고 장갑을 착용한다.

⑨ 갈아 맞춘 유리기구(jont glassware)는 갈아 맞추는 부분이 긁히지 않도록 주의하고 장시간 알칼리에 노출시키지 않도록 한다.

⑩ 기구가 진공상태를 유지할 필요가 있는 경우나 스톱코크와 같이 회전시킬 필요가 있는 경우에는 그리스를 발라서 사용한다.

⑪ 마개 있는 분액깔때기(separatory funnel), 용량플라스크(volumetric flask), 눈금실린더 등의 유리마개(혹은 테프론 마개)는 사용 후 물로 깨끗이 씻고 가능한 황산지(黃酸紙)를 끼워 보존하며, 사용할 때는 물 또는 그리스 등의 윤활제를 발라서 사용하는 하는 것이 좋다. 또한 유리마개는 분실되기 쉬우므로 끈으로 매달아 놓는 것이 좋다.

⑫ 갈아 맞춘 유리기구가 분리되지 않을 경우에는 버너불로 밀착된 부분을 약간 가열하여 신장시키면서 고무망치로 가볍게 두드려 분리시킨다. 그래도 안 될 때에는 특수한 혼합용제(에탄올 1부피＋에테르 1부피＋젖산 1부피)를 사용하여 분리시킨다.

1-9-2 초자기구의 세척법

유리기구의 세척과 건조는 유기합성실험에서 좋은 결과를 얻기 위한 중요한 요건 중의 하나이다. 특히 정량분석에서 초자기구에 세제(계면활성제)가 남아 있을 경우에는 신뢰할만한 실험결과를 얻을 수가 없다. 초자기구의 일반적인 세척법과 건조방법은 다음과 같다.

① 초자기구는 사용 후 즉시 세척하지 않으면 불순물이 쉽게 제거되지 않을 수도 있으므로 되도록 사용 후 즉시 세척한다.

② 초자기구의 세척은 유리면에 상처가 가지 않도록 부드러운 솔로 양질의 가루비누나 합

성세제 등의 세정용액으로 씻은 후 깨끗한 물로 여러 번 헹구어 준다.

③ 피펫(pipet)의 세척은 피펫 충전기(pipet filler)를 이용하여 눈금 위 1~2cm까지 세정용액을 빨아들이고 내뿜고를 반복하여 세척한 후, 깨끗한 물로 마찬가지 방법으로 헹구어 준다.

④ 뷰렛(buret)은 비커를 이용하여 뷰렛 안에 세정용액을 채우고 흘려주기를 수회 반복하여 씻은 후 같은 방법으로 깨끗한 물로 여러 번 헹군다.

⑤ 일반적인 합성세제 등으로 잘 세척되지 않을 경우에는 진한 황산 2~3mL에 30% 과산화수소 2~3mL를 합한 용액이나 혹은 알칼리용액에 담가두었다가 씻으면 대부분의 초자기구는 잘 닦인다. 이때 옷이나 피부에 클리닝 용액이 묻지 않도록 조심한다. 이때도 깨끗한 물로 여러 번 헹구어 주어야 한다.

⑥ 그러나 이러한 방법으로 잘 세척되지 않을 경우에는 다음과 같은 클리닝용액(cleaning solution)에 하룻밤 담가두었다가 세척한 후에 깨끗한 물로 여러 번 헹구어 준다.

참고 클리닝용액의 제법

i) 진한 황산 80mL를 물 20mL 중에 서서히 가하고 난 후 중크롬산나트륨($Na_2Cr_2O_7$) 적당량(5~20)g을 녹인 용액

ii) 중크롬산나트륨 50g을 물 50mL에 녹여 2,500mL 용기에 넣고 진한 황산 1,000mL을 교반하면서 천천히 가한 후(이때 온도가 70~80℃까지 올라간다) 냉각시킨 용액

iii) 250mL 비커에 진한 황산 100mL를 넣고 100℃까지 조심스럽게 가열하여 3g의 중크롬산나트륨(혹은 중크롬산칼륨)을 천천히 교반하면서 가한 다음 실온까지 냉각시킨 용액

iv) 1,000mL 비커에 에탄올 660mL를 넣고 공업용 수산화칼륨(KOH)을 포화시킨 용액

⑦ 최근에는 초음파세척기(sonicator)가 보급되어 보다 간편하고 편리하게 초자기구를 세척할 수 있다.

⑧ 눈금 있는 초자기구(graduated glassware)는 공기 중에서 자연건조 혹은 압축공기를 통과시켜 건조시킨다.

⑨ 작은 유리기구는 100~120℃로 유지되는 건조기 속에서 건조시킨다.

⑩ 건조기를 사용하기 불편한 유리기구는 아스퍼레이터(aspirator)나 압축공기를 사용하여 건조공기를 유리기구에 통과시켜 건조시킨다.

1-10 시약의 평량 및 용액의 농도

(1) 밀도와 비중

특정한 온도에서의 물체의 단위부피당 질량을 밀도(density)라 하며, 보통 20℃에서의 g/mL나 g/cm^{3}로 나타낸다.

$$밀도(d) = \frac{질량}{부피}$$

밀도는 보통 물질 1cm^{3}당 g으로 나타낸다. 4℃의 순수한 물의 밀도는 다음과 같이 단위에 따라 여러 값으로 표현된다.

$$d_{H_2O} = \frac{1g}{cm^3} = \frac{1g}{mL} = 1,000\frac{kg}{m^3} = \frac{1kg}{L} = 62.4\frac{lb}{ft^3}$$

때때로 비중이 밀도 대신에 사용된다. 어떤 물질(A)의 밀도에 대한 기준물질(ref)의 비를 비중(specific gravity, sp. gr.)이라 정의한다. 즉, 비중은 두 물질의 밀도의 비로 무차원(dimensionless)이다.

$$비중(sp.gr.) = \frac{d_A}{d_{ref}} = \frac{(g/cm^3)_A}{(g/cm^3)_{ref}}$$

보통 4℃의 같은 무게의 물의 질량에 대한 20℃에서의 용액의 질량의 비로서 비중을 나타낸다. 4℃의 물의 밀도는 1.0000g/cm^{3}이므로 4℃의 물을 기준으로 하면 밀도와 비중은 같다.
참고로 가스에 대한 비중은 0℃, 1기압하의 공기의 밀도(1.293g/L)가 기준이 된다.

(2) 시약의 평량과 계량

실험실에서 무게(g)를 부피(mL)로 또는 부피를 무게로 전환하는 조작이 필요할 때가 있다. 이때 상호전환에 사용되는 관계식은 밀도 공식을 활용하여 다음과 같이 계산한다.

무게(g) = t℃에서의 부피(mL) × t℃에서의 밀도(g/mL)

$$t℃\text{에서의 부피(mL)} = \frac{\text{무게(g)}}{t℃\text{에서의 밀도(g/mL)}}$$

주어진 온도에서 특정액체의 밀도와 비중의 값은 일반적으로 서로 교환하여 사용할 정도로 근사하다.

진한 염산, 진한 황산, 에탄올과 같은 용액을 사용할 때에는 용액 중에 존재하는 용질의 무게를 계산하여야 한다.

$$\text{용질의 무게(g)} = \text{용액의 무게} \times \frac{\text{용질의 g수}}{\text{용액의 g수}}$$
$$= \text{용액의 무게} \times \frac{\text{용질의 무게에 의한 \%농도}}{100}$$

혹은

$$\text{용질의 무게(g)} = t℃\text{에서의 부피(mL)} \times t℃\text{에서의 용액의 밀도(g/mL)} \times \text{wt\%}$$

예제

1-1 진한 염산(36%) 30mL에 함유되어 있는 순수한 염산(HCl)의 무게(g)는 얼마인가?

풀이 참고문헌에서 진한 염산(36%)의 밀도는 $d_4^{20} = 1.18 g/cm^3$이므로

HCl 30mL의 질량(g) = 30mL × 1.18g/mL = 35.4g

진한 염산(conc-HCl) 시약의 HCl 농도가 36wt%이므로

염산 시약 30mL 중의 순수한 HCl의 질량 = 35.4g × 0.36 = 12.744g

1-2 황산 5g에 해당하는 진한 황산(98%)의 부피는 얼마인가?

풀이 참고문헌에서 진한 황산(98%)의 밀도는 $d_4^{20} = 1.836 g/cm^3$

시약용액의 황산순도가 98%이므로 시약 1mL중의 순수한 황산의 g수는

$$\frac{1.836 g/mL}{1 mL} \times 0.98 = 1.7993 g$$

황산 5g을 취하기 위하여 필요한 진한 황산의 부피는

1mL : 1.7993g = x : 5g

$x = 2.7788\text{mL}$

그러므로 황산시약 2.779mL를 취하면 된다.

(3) 몰농도(Molar concentration)

용액 1,000mL 속에 녹아 있는 용질의 몰수를 몰농도(molarity, M)라 한다.

$$\text{몰농도(M)} = \frac{\text{용질의 몰수(mole)}}{\text{용액의 부피(L)}}$$

$$= \frac{\dfrac{\text{용질의 g수}}{\text{분자량(g/mole)}}}{\text{용액의 부피(L)}}$$

mole/L = mmole/mL

예를 들면, 용액 1L에 1mole의 HCl(분자량=63g/mole)을 포함하는 용액의 몰농도는 1M-HCl 용액에 해당된다. pH계산이나 화학반응 등을 나타낼 때는 이 몰농도를 주로 사용한다. 화학반응식에서 계수는 그 물질의 몰을 의미한다.

예제

1-3 용액 200mL 속에 NaOH(mw=40)이 6.00g 녹아있는 용액의 몰농도는?

풀이

$$M = \frac{\dfrac{6.00\text{g}}{40\text{g/mole}}}{0.2\text{L}}$$

$$= 0.75\frac{\text{mole}}{\text{L}}$$

$$= 0.75\text{M}$$

(4) 노말농도(Normality)

용액 1L 속에 녹아 있는 용질의 당량수를 노말농도라 한다.

$$노말농도(N) = \frac{용질의\ g당량수(eq)}{용액의\ 부피(L)},\ eq/L = meq/mL$$

예제

1-4 0.5N HCl 용액을 만드시오.

풀이 0.5N HCl = 0.5eq/L = 0.5eq/L × 36.5g/eq

= 18.25g HCl/L

여기서, eq = 당량

따라서 염산 18.25g을 취하여 1L로 만들면 되는데, 진한 염산 시약은 100% HCl이 아닌 HCl+H_2O로 이루어져 있고, 진한 염산은 보통 36%(w/w) 농도를 사용한다(시약병에서 정확한 %농도를 확인해야 함).

즉, conc-HCl(36%, d = 1.18g/cm^3) 시약으로 HCl의 양 18.25g을 취하려면, 그리고 액체라서 무게(g)가 아닌 부피(mL)로 잰다면, 밀도 공식을 적용하여 18.25g/(1.18g/cm^3 × 0.36) = 42.96cm^3 = 42.96mL

즉, 진한 염산 42.96mL를 취하여 물을 채워 1,000mL로 만들면 이 용액이 0.5N-HCl 용액이 된다.

검산 진한 염산 42.96mL = 42.96mL×1.18g/mL×0.36 = 18.25g = 18.25g/(36.5g/mole) = 0.5mole
따라서, 이 용액의 노말농도 = 0.5mole/L × 1eq/mole = 0.5eq/L = 0.5N

(5) 묽힘(dilution)

진한 용액으로부터 묽은 농도의 용액을 만드는 데 필요한 묽힘을 계산할 때, 희석 전후에 몰수는 같다는 것을 이용한다.

$$몰농도 \times 부피 = 몰수,\ M \times mL = mmole$$

예제

1-5 0.250M의 $K_2Cr_2O_7$ 용액을 묽혀서 0.100M의 용액 500mL를 만들려고 한다. 0.250M 용액 몇 mL를 취하여 500mL로 묽혀야 하는가?

풀이

$M_{최종} \times mL_{최종} = M_{원래} \times mL_{원래}$

$0.100\text{mmole/mL} \times 500\text{mL} = 0.250\text{mmole/mL} \times mL_{원래}$

$mL_{원래} = 200\text{mL}$

(7) 백분율(percent, %) 농도

① 질량 백분율(w/w%, wt%)

질량 백분율은 용액 전체 질량에 대한 어떤 성분의 질량비이다. 용액 중의 어떤 성분 A의 질량 백분율은 다음과 같이 정의한다.

$$\text{성분 A의 w/w\%} = \frac{\text{용질 A의 질량(g)}}{\text{용액의 전체질량(g)}} \times 100$$

$$= \frac{\text{용질 A의 질량(g)}}{\text{(용매 + 용질 A)질량}} \times 100$$

② 부피 백분율(v/v%, vol%)

용액 전체 부피에 대한 어떤 성분의 부피 비를 부피 백분율이라 한다.

$$\text{성분 A의 v/v\%} = \frac{\text{용질 A의 부피(mL)}}{\text{용액의 전체부피(mL)}} \times 100$$

③ w/v%

용액 100mL 중에 포함되어 있는 용질의 g수로 표시한다. 보통 용액의 농도를 %로만 나타내었을 때는 w/v%를 말한다.

$$\text{성분 A의 w/v\%} = \frac{\text{용질 A의 질량(g)}}{\text{용액 100mL}} \times 100$$

④ v/w%

용액 100 g 중에 포함되어 있는 용질의 mL수로 표시한다.

$$\text{성분 A의 v/w\%} = \frac{\text{용질 A의 부피(mL)}}{\text{용액 100g}} \times 100$$

⑤ 물질에 따른 백분율의 표시

고체시료의 계산에는 무게(g)가 기준이 된다. 따라서 일반적인 고체시료의 표시법은 분석성분의 무게를 질량 백분율(wt%)로서 나타낸다.
액체시료의 경우는 w/w%로 나타내거나 w/v%를 기준으로 하며, 후자가 보다 일반적이다. 임상분석실험에서는 mg%가 사용되는데, 이것은 시료 100mL중에 녹아 있는 용질의 mg수로 표시한다. 기체분석의 경우에는 w/w%, w/v%, v/v%의 단위를 사용할 수 있다. 농도의 형태는 명기하는 것이 바람직하나 정확한 표시가 없으면 고체인 경우에는 일반적으로 w/w%로, 기체는 v/v%로, 액체는 진한 산·염기 시약은 w/w%로, 대개의 묽은 용액은 w/v%로, 알코올성 음료는 v/v%로 가정하는 것이 일반적이다.

(8) 백만분율(parts per million, ppm)

일백만 분의 1단위의 농도를 말하며, 1ppm이란 용액 1kg 중에 용질 1mg 녹아있는 상태를 의미한다. 수질에서 오염도를 나타내는 데 가장 빈번하게 사용되는 농도 표시이다.

$$\text{ppm} = \frac{\text{용질의 질량(g)}}{\text{용액의 질량(g)}} \times 10^6$$

$$1\text{ppm} = 1\frac{\text{mg}}{\text{kg}} = 1\frac{\mu\text{g}}{\text{g}}$$

수질에서 1ppm은 1mg/kg을 나타내므로 1mg/L와는 차이가 있다. 그러나 물의 밀도가 1g/mL인 경우에는 1L=1kg이므로 mg/kg과 mg/L는 같은 의미를 갖게 된다. 용매가 물이고 용질의 양이 별로 크지 않은 용액에서는 ppm은 mg/L와 거의 동일하게 사용해도 무리가 없다(예제 참조).

예제

1-6 물 1 L중에 용질이 1 mg 녹아 있는 시료의 ppm을 구하시오.

풀이 물 1 L는 실온에서 약 1000g이다. 따라서 용액(용매+용질)의 총 g수는 1000.001g≈1000g으로, 그 농도는 약 1ppm이 된다.
즉, 밀도가 거의 1g/mL인 묽은 수용액의 경우에는 w/w%와 w/v%가 같은 값을 가진다.

1-11 수득률 계산

반응물질로부터 일련의 화학적 과정을 거쳐 목적물질을 얻은 경우에 생성물을 이론적으로 얻을 수 있는 양에 대한 실제로 얻은 양의 비율을 수득률(yield) 혹은 수율이라 한다. 수득률은 다음 식으로 계산한다(참고문헌 : R.M. Felder, R.W. Rousseau, "Elementary Principles of Chemical Processes").

$$\text{수득률}(\%) = \frac{\text{반응에서 실제로 얻은 생성물의 양(g 혹은 mole)}}{\text{화학양론적으로 얻을 수 있는 생성물의 양(g 혹은 mole)}} \times 100$$

화학반응에서 수율은 생산량, 생산단가, 공정변수 등을 분석하고 관리하는 데에 유용하게 사용되는 변수이다. 우리도 유기합성이 완료되면 결과보고서에 반드시 수득률을 계산하고 있다. 수득률을 계산하는 법을 배워보기로 하자.

예를 들면, 쇠(Fe)에 수증기를 통과시키면 산화철(Fe_3O_4)과 수소 가스가 생긴다. 이때 사용한 철의 양은 55.9g이고 수증기의 양은 36g이고 실험으로 얻은 산화철은 35.5g이라고 가정한다. 우선 화학반응식을 완성하면 다음과 같다. 화학반응식에서 각 화합물의 계수의 비는 몰비에 해당한다.

$$3Fe + 4H_2O \rightarrow Fe_3O_4 + 4H_2$$

반응물 중에서 어떤 반응물이 먼저 소모되어 반응이 일어날 수 없다면 먼저 소모된 반응물을 한정반응물(limiting reactant) 혹은 제한반응물이라 한다. 즉, 반응물 중에서 화학양론적으로 가장 적게 사용된 반응물이 제한반응물이고, 이론양보다 많이 투입된 반응물이 과잉반응물이 된다.

위 반응에서 반응물인 철(Fe)과 수증기(H_2O)의 화학양론적 계수의 비, 즉 몰비는 3 : 4이다. 반응에 사용된 철은 55.9g으로 1mole이고, 수증기 36g은 2mole이다. 따라서 철이 먼저 없어지게 되어 반응을 제한하게 되므로 제한반응물은 철이 된다. 철과 산화철의 몰비는 3 : 1이므로 이론적으로 얻을 수 있는 Fe_3O_4의 양은 제한반응물 철의 1/3mole이 되고 이는 77.18g이다. 따라서 수득률은 $35.5/77.18 \times 100 = 46.0\%$이다.

참고로 D.M. Himmelblau의 화공양론(Basic Principles and Calculations in Chemical Engineering) 교과서에는 수득률과 전화율(conversion percentage)을 다음과 같이 정의하고 있다.

$$\text{수득률}(\%) = \frac{\text{최종생성물의 질량(g)}}{\text{초기 제한반응물의 공급량(g)}} \times 100$$

$$\text{전화율}(\%) = \frac{\text{실제반응한 제한반응물의 양(g 혹은 mole)}}{\text{공급된 제한반응물의 양(g 혹은 mole)}} \times 100$$

여기서는 전자의 Felder & Rousseau의 식을 사용하여 수득률을 계산하기로 한다.

예제

1-7 벤젠(C_6H_6)을 질산(HNO_3)과 황산 촉매 하에서 나이트로화 반응을 시켜서 나이트로벤젠(nitrobenzene)을 합성하였다. 이때 합성실험에 사용된 벤젠은 29mL이고, 질산은 35mL이다. 증류하여 V mL의 나이트로벤젠을 얻었다면 이때 수득률(yield)을 계산하시오.
사용된 벤젠은 순도 99.5%(비중 0.8787)이고, 질산은 농도 61%(비중 1.37)이다.

(주의) 필요한 물성값은 시약병에 적혀있는 값을 우선으로 하고, 그렇지 않은 경우에는 문헌값을 사용한다.

풀이 나이트로벤젠 합성반응식

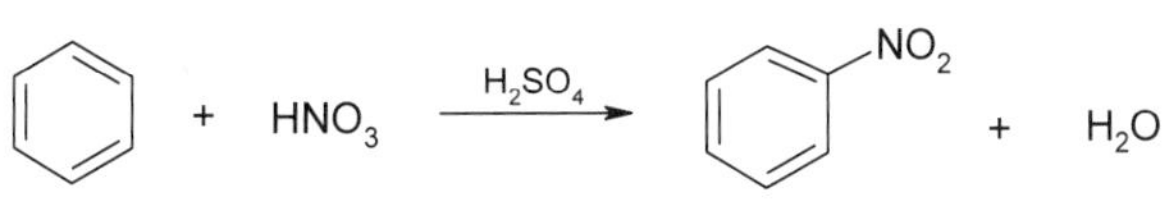

화학반응식에서 계수의 비는 몰비이므로 위 반응식에서 벤젠 : 질산 : 나이트로벤젠의 화학양론적 몰비는 1 : 1 : 1이다.

우선 사용된 반응물의 몰수를 계산하면

$$C_6H_6(g) = 부피(cm^3) \times 밀도(g/cm^3)$$

$$= 29cm^3 \times \left(0.8787\frac{g}{cm^3}\right) \times \left(\frac{0.995g\ C_6H_6}{1g\ solution}\right) = 25.35g$$

$$C_6H_6(mole) = \frac{질량(g)}{분자량(g/mole)} = \frac{25.35g}{78.1g/mole} = 0.3246mole$$

$$HNO_3(g) = 35cm^3 \times \left(1.37\frac{g}{cm^3}\right) \times \left(\frac{0.61g\ HCl}{1g\ solution}\right) = 29.25g$$

$$HNO_3(mole) = \frac{29.25g}{63g/mole} = 0.4643mole$$

화학반응식에서 반응물 벤젠 : 질산의 화학양론적 몰비는 1 : 1이고, 실험에 사용된 벤젠 : 질산의 몰비는 0.3246 : 0.4643이므로 반응물 중에서 벤젠이 제한반응물이 된다.
만일 실험에서 증류하여 얻은 나이트로벤젠의 양이 V mL라면(여기서는 20mL라 가정) 수득률은 다음과 같다. 이때 nitorobenzene의 물성값은 분자량 123, 비중은 1.20이다.
실험으로 얻은 나이트로벤젠의 양은

$$nitrobenzene(g) = (V\ cm^3) \times \left(\frac{1.2g}{cm^3}\right) = (20cm^3) \times \left(\frac{1.2g}{cm^3}\right) = 24(g)$$

$$nitrobenzene(mole) = \frac{24g}{123g/mole} = 0.195mole$$

제한반응물인 벤젠의 공급량이 0.3246mole이므로 이론적으로 얻을 수 있는 나이트로벤젠의 몰수는 0.3246mole이다. 또한 실제로 얻은 나이트로벤젠의 양은 0.195mole이므로

$$수득률(\%) = \frac{실제로\ 생성된\ 생성물의\ 양(g\ 혹은\ mole)}{생성물의\ 이론적인\ 생성량(g\ 혹은\ mole)} \times 100$$

$$= \frac{0.195mole}{0.3264mole} \times 100 = 60\%$$

예제

1-8 살리실산[salicylic acid, o-$C_6H_4(OH)COOH$]을 아세트산무수물[$(CH_3CO)_2O$]과 아실화반응을 시키면 아스피린(aspirin, acetylsalicylic acid)이 합성된다. 이때 사용된 살리실산은 10g이고 아세트산 무수물은 25mL을 사용하여 60℃에서 반응시켜 아스피린을 8.7g 얻었다. 이 반응에 대한 수득률을 계산하시오. 사용된 살리실산의 순도는 99%이고 아세트산무수물의 순도는 94%(d=1.084)이다. 아스피린의 분자량은 180이다.

풀이 아스피린 합성반응식

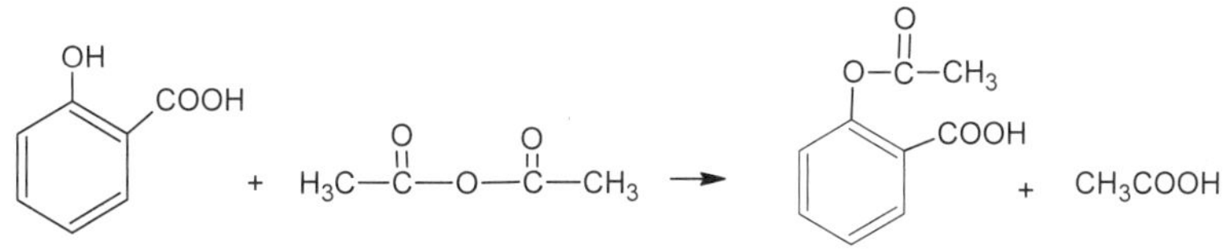

위 반응식에서 각 화합물의 mole 비 = 1 : 1 : 1 : 1이다.

- 사용된 10g의 살리실산 중 순수한 살리실산 = 10g × 0.99 = 9.9g
- 살리실산의 mole 수 = 9.9g/(138g/mole) = 0.0717mole
- 사용된 아세트산무수물 = 25mL × 1.084g/mL = 27.1g
- 사용된 순수한(100%) 아세트산무수물 = 27.1g × 0.94 = 25.474g
- 아세트산무수물의 mole 수 = 25.474g /(102g/mole) = 0.250mole

화학반응식에서 반응물 살리실산과 아세트산무수물의 화학양론적 몰비가 1 : 1이고, 사용된 몰비 = 0.0717 : 0.250이므로 살리실산이 먼저 소모되는 반응물이 된다. 따라서 살리실산이 한계반응물(제한반응물)이다.

사용된 살리실산이 0.0717mole이므로 화학양론적으로 생성될 수 있는 아스피린의 mole 수는 0.0717mole이 되고, 이것의 질량은 0.0717mole × 180g/mole = 12.906g이다.

실험에서 실제로 얻은 아스피린의 양이 8.7g이므로 몰수로 환산하면 8.7g/(180g/mole) = 0.0483mole이다. 따라서 수득률은

$$\text{수득률}(\%) = \frac{\text{실제 얻은 생성물의 양(mole 혹은 g)}}{\text{이론적으로 얻을 수 있는 생성물의 양(mole 혹은 g)}}$$

$$= \frac{8.7\text{g}}{12.906\text{g}} \times 100 = 67.4\%$$

혹은 $$\frac{0.0483\text{mole}}{0.0717\text{mole}} \times 100 = 67.4\%$$

02 기초실험

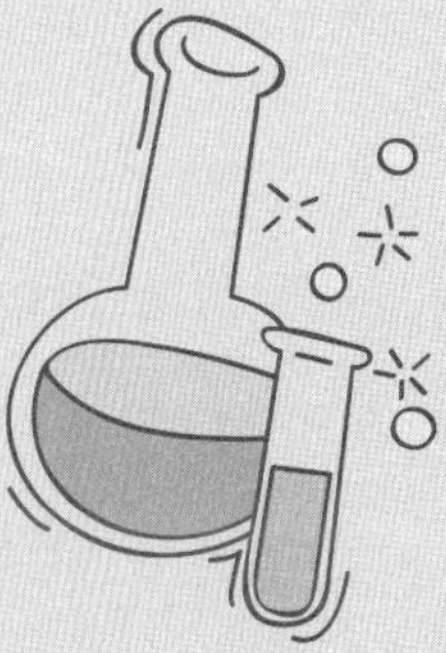

실험 2-1 여과(Filtration)

실험 2-2 녹는점(Melting point) 측정

실험 2-3 끓는점(Boiling point) 측정

실험 2-4 단순증류(Simple distillation)

실험 2-5 분별증류(Fractional distillation)

실험 2-6 수증기증류(Steam distillation)

실험 2-7 감압증류(Vacuum distillation)

실험 2-8 재결정(Recrystallization)

실험 2-9 액체－액체 추출(Liquic-liquid extraction)

실험 2-10 고체－액체 추출(Solid-liquid extraction)

실험노트

실험 No.	학 번	성 명	실험일자	검 인
실험제목				

1) 실험목적

2) 관련이론

3) 사용하는 실험기구

4) 사용하는 화합물의 종류 및 특성

시약명	구조식 (혹은 분자식)	사용량 (g, mL)	농도% (혹은 순도%)	특 징

(주) 물성(농도, 밀도 등)은 시약병에 있는 수치를 우선으로 하고 없는 경우에는 문헌값을 활용한다.

5) 실험방법(flowchart)

6) 실험결과 자료

7) 검토 및 분석

8) 참고문헌

실험 2-1 여과(Filtration)

1. 목적

액체 혼합물에서 고체 물질을 여과로 분리한다.

2. 관련이론

유기합성에서 반응 종료 후에 얻은 화합물은 대개 혼합물이다. 이러한 2성분 이상의 물질이 서로 섞여 있는 혼합물로부터 어떤 물질을 분리정제하여 그 분자구조를 밝혀내는 것이 매우 중요하다. 따라서 유기합성에서 얻어진 생성물로부터 원하는 목적물질을 분리하는 조작이 우선 필요한 절차이다. 합성혼합물의 분리에는 여과(filtration), 증류(distillation), 추출(extraction), 재결정(crystallization)뿐만 아니라 크로마토그래피(chromatography) 등과 같은 다양한 방법이 이용되고 있다. 이 중에서 유기합성에서 주로 이용되는 분리조작은 전자의 4가지가 주류를 이루고 있다.

여과법은 물이나 알코올 혹은 혼합 용액에 녹지 않은 고체물질을 분리하기 위하여 행해진다. 예를 들면, 나이트로벤젠 및 에틸아세테이트 합성 시에 혼합용액으로부터 염화칼슘($CaCl_2$) 제거, 아세트아닐라이드와 아스피린 합성실험에서 고체 생성물 분리 등에서와 같이 혼합용액으로부터 고체물질을 분리해 내는 조작은 여과법으로 쉽게 이루어진다. 여과의 원리는 용액이 거름종이를 투과하는 성질을 이용한다.

거름종이 접기는 네 겹으로 접기와 주름잡기 방법이 있다. 네 겹으로 접기는 먼저 거름종이

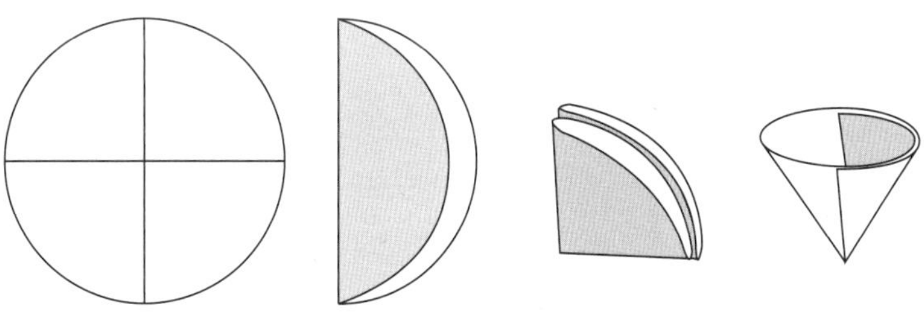

그림 2-1 거름종이 4겹 접기

를 반으로 접고 그것을 다시 반으로 접는다. 일부를 겹진 채 주머니처럼 되어 있는 곳을 펼치면 원뿔꼴이 된다.

깔때기에 원뿔꼴의 거름종이를 끼우고 물로 적셔 거름종이가 깔때기에 밀착되도록 한다. 여과된 거름액이 떨어지면서 튀지 않도록 깔때기 끝이 비커 옆면에 닿게 하여 거른다.

거름종이 주름접기는 우선 거름종이를 반으로 접고 계속하여 반으로 접어 16등분 혹은 32등분이 되도록 접고, 펴면 부채꼴 모양이 된다. 주의해야 될 점은 거름종이의 중심부에 접은 금이 많이 모여 구멍이 나기 쉽게 되므로 중심부는 약간 남기고 접는 것이 좋다는 것이다.

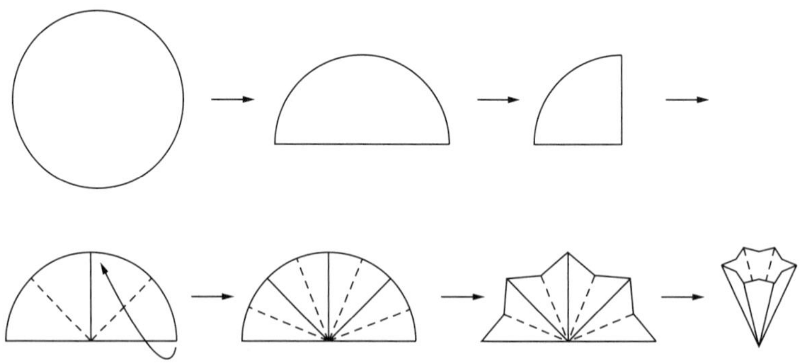

그림 2-2 거름종이 주름접기

여과방법에는 중력여과방식과 감압여과방식이 있다.

중력여과방식은 혼합물에 고체형태의 불순물(활성탄소, 염화칼슘 등)을 제거하거나 용액으로부터 고체생성물을 중력으로 분리해내는 데 사용되는 방법으로서 감압여과보다 중력여과법

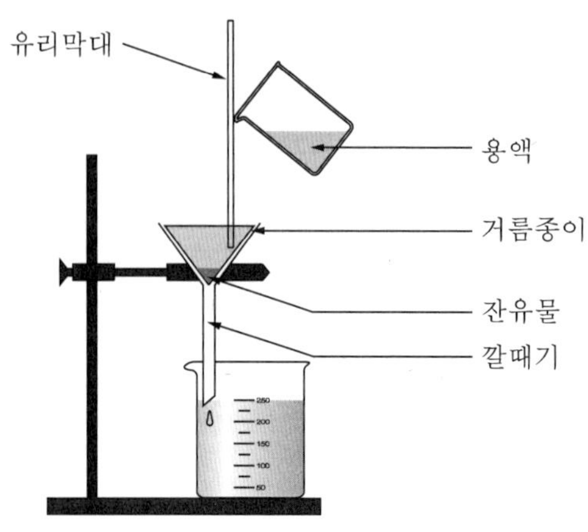

그림 2-3 여과장치

이 많이 사용된다. 깔때기(funnel)는 보통 삼각깔때기를 사용한다. 거름종이는 보통 No.1이나 No.5A를 사용하고 더욱 미세한 앙금의 여과에는 No.5C나 No.4A를 사용한다.

감압여과(vacuum filtration) 혹은 흡인여과는 여과하기 어려운 불순물(앙금), 예를 들면 끈적끈적한 앙금이나 미세한 고체분말일 경우에 주로 사용되는 방식이다. 불순물이나 결정을 용액으로부터 빨리 분리하기 위해서도 감압여과를 행한다. 깔때기는 뷰흐너 깔때기(Buchner funnel)를 사용하고 이것을 두꺼운 고무관으로 다른 흡인병(안전병)에 연결하고 다시 아스퍼레이터(aspirator) 혹은 진공펌프(vacuum pump)에 연결한다. 거름종이는 보통 감압에 견딜 수 있도록 경질 거름종이인 No.4A나 유리섬유거름종이(GF/C)를 사용한다.

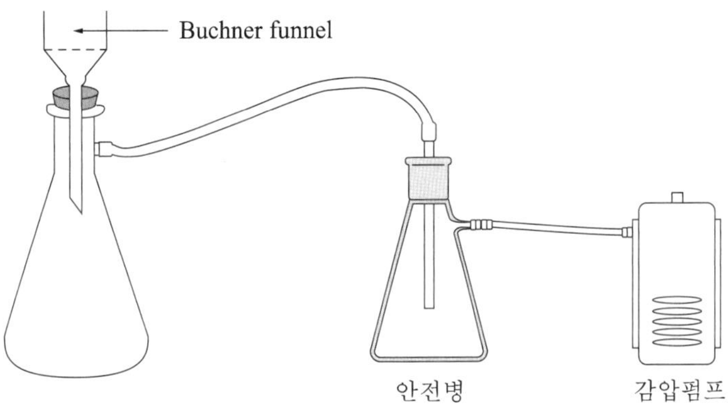

그림 2-4 감압여과장치

3. 실험기구 및 시약

(1) 기구 : 거름종이, 뷰흐너 깔때기, 삼각 깔때기, 비커, 스탠드, 유리막대

(2) 시약 : 아세트아닐라이드(acetanilide)

4. 실험방법

(1) 중력여과법

① 여과할 혼합액을 준비한다.

(예) 찬물 30mL에 아세트아닐라이드 5g을 녹인다.

② 깔때기에 거름종이를 끼우고 세척병으로 증류수를 약간 부어서 거름종이가 깔때기에 밀착되도록 한다.

③ 깔때기를 그림 2-3처럼 깔때기 받침대에 거치한다.

④ 깔때기의 하단을 비커의 내벽에 닿게 한다. 그렇지 않으면 여과액의 방울이 떨어질 때 액이 밖으로 튀는 경우가 발생할 수 있다.

⑤ 액을 거름종이에 따를 때는 액이 그릇의 외벽을 따라 흐르지 않도록 유리막대를 깔때기 가장자리에 대고 따른다. 액이 거름종이 위로 넘치지 않도록 주의한다.

⑥ 그릇의 벽이나 유리막대에 묻은 앙금을 세척병으로 씻어 낸다.

⑦ 필요하면 모액을 분리하고 충분히 정치시킨 후 앙금이 생겼으면 이것을 다시 거름종이 위에 따른다.

⑧ 시료를 걸러낸 거름종이를 증발접시 위에 놓고 건조기에서 건조시킨 후 저울로 무게를 잰다. 여과액이 필요한 경우에는 여과액의 부피를 잰다.

(2) 감압여과법

① 여과할 혼합액을 준비한다.

② 뷰흐너 깔때기에 거름종이를 원형으로 딱 맞게 잘라서 얹는다. 거름종이는 찢어지기 쉬우므로 경질 거름종이(혹은 유리섬유거름종이)를 사용한다.

③ 뷰흐너 깔때기와 흡인병(안전병)을 두꺼운 고무관으로 연결하고 흡인병을 진공펌프(감압펌프)에 연결한다(그림 2-4).

④ 거름종이를 세척병으로 물로 약간 적시고 진공펌프에 전원을 넣어 거름종이가 깔때기에 밀착되게 한다. 이때 거름종이가 밀착되지 않으면 공기가 새는 소리가 난다. 또한 너무 세게 감압을 하면 거름종이가 찢어지므로 주의한다.

⑤ 뷰흐너 깔때기에 액이나 앙금을 붓는다. 앙금이 거름종이 위에 어느 정도 얹히면 다소 가압을 하여도 거름종이가 찢어지지 않는다.

⑥ 그릇의 벽이나 깔때기 벽에 묻은 앙금을 세척병으로 씻어낸다.

⑦ 필요하면 모액을 분리하고 충분히 정치시킨 후 앙금이 생겼으면 이것을 다시 거름종이 위에 따른다.

⑧ 시료를 걸러낸 거름종이를 증발접시 위에 놓고 건조기에서 건조시킨 후 저울로 무게를 잰다. 여과액이 필요한 경우에는 여과액의 부피를 잰다.

실험 2-2 녹는점(Melting point) 측정

1. 목적

고체 물질의 순도를 결정하기 위하여 녹는점을 측정한다.

2. 관련이론

유기합성에서 어떤 물질을 합성한 다음 분리정제하여 순수한 물질을 얻고 있는데, 그 물질이 순수한 화합물인지 불순물이 혼합되어 있는지를 알기 위하여 녹는점(melting point), 끓는점(boiling point), 밀도(density) 등 물리상수를 측정하게 된다.

어떤 물질의 녹는점(m.p.)은 액체와 고체상이 온도 변화 없이 서로 평형에 존재하는 온도로 정의된다. 순수한 물질에서 이상적으로는 고체가 액체로 바뀔 때의 온도(녹는점)와 액체가 고체로 바뀔 때의 온도(어는점)가 변하지 않으며 따라서 녹는점과 어는점은 동일하다. 순수한 화합물에 있어서 상의 조성과 공급된 열, 그리고 온도와의 관계는 그림 2-5와 같다.

순수한 화합물의 녹는점의 온도범위는 통상 0.5~2℃ 정도로서 물질의 순도를 결정하는 물리적 성질이다. 그러나 불순물을 함유한 시료는 순수한 시료에 비하여 녹는점 차이가 커지므로 녹는점 측정만으로도 그 시료의 순도를 대략 알 수 있다. 혼합물의 녹는점은 순수한 물질보다 낮아진다.

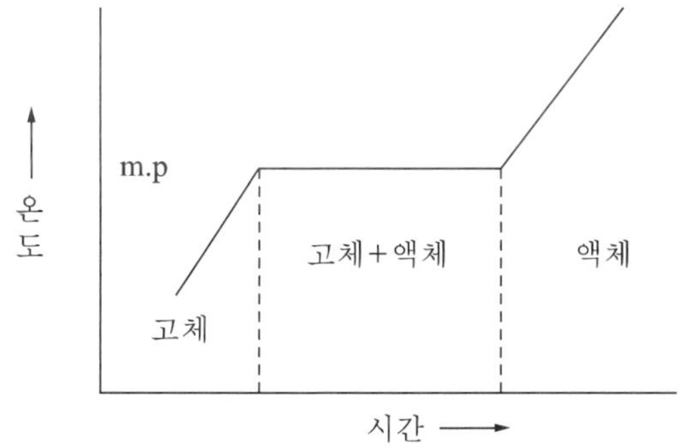

그림 2-5 시간과 온도에 따른 상(phase)의 변화

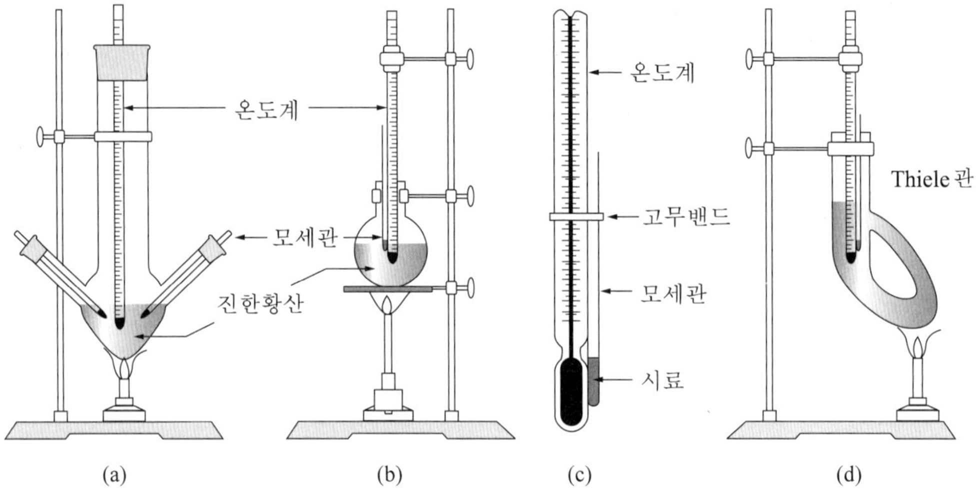

그림 2-6 녹는점 측정기구

녹는점을 측정하는 가장 일반적인 방법은 한 쪽이 막힌 모세관(직경 약 1mm)에 시료를 3~5mm 채우고 온도계와 함께 열매체(물, 기름 등)에 넣어 온도를 서서히 가열하여 측정하는 것이다. 가장 간단한 장치는 Thiele관(그림 2-6 d)으로 버너나 램프로 측관을 가열하여 열매체의 대류에 의해 균일한 온도로 녹는점을 측정하는 것이다.

녹는점 측정에 사용하는 열매체는 물(100℃), 글리세린(290℃), 진한 황산(300℃), 실리콘 기름(360℃) 등이 있으며, 시료의 녹는점에 따라 적당한 열매체를 선택한다. 진한 황산을 사용할 때는 취급에 특히 주의한다. 녹는점을 측정할 때는 예상되는 녹는점의 10℃ 이하까지는 빨리 가열하고 그 이후에는 분당 1℃ 정도로 서서히 가열한다. 녹는점의 범위는 시료가 녹기 시작할 때부터 완전히 녹았을 때까지이며 녹는점은 이 범위 중 최고의 온도로 한다. 만일 가열속도가 너무 빠르면 열매체의 온도와 모세관의 온도가 서로 달라 녹는점 범위가 실제보다 낮게 되는 경향이 있다.

녹는점 측정에서 주의할 것은 일반적인 온도계는 실제 녹는점을 나타내지 않으므로 온도계를 우선 보정해 주어야 하는 것을 잊어서는 아니 된다.

시료의 양이 적다든지 보다 정확하게 녹는점을 측정하고자 할 때는 일반적으로 많이 보급되어 있는 그림 2-7과 같은 녹는점 측정장치(melting point apparatus, Melt-Temp unit)를 사용하는 것이 좋은데, 이러한 기구는 가열판과 현미경이 달려 있어 가열온도를 자유롭게 조절할 수 있고 온도가 디지털로 화면에 나타나며, 가는 모세관을 확대경으로 관찰할 수 있어 녹는 시점을 관측하기가 용이하다. 최근에는 PC와 연동시킨 녹는점 자동측정기기(automated melting point system, OptiMelt)기 보급되어 훨씬 손쉽고 간편하게 녹는점을 측정할 수 있다.

그림 2-7 녹는점 측정장치(Melt-Temp unit)

3. 실험기구 및 시약

(1) 기구 : 녹는점 측정기구(Thiele관), Melt-Temp Unit, 모세관, 가열기, 온도계, 증류장치

(2) 시약 : 황산(H_2SO_4)

4. 실험방법

① 길이 100mm, 직경 1.0~1.5mm 되는 모세관의 한쪽 끝을 알코올램프로 막는다.

② 시료를 모세관에 3~5mm 정도 잘 채워 넣는다.
시료는 되도록이면 합성실험에서 얻은 화합물을 사용하는 것이 좋다.

③ 그림 2-6과 같이 녹는점 측정기구(Thiele관)를 장치한다.

④ 모세관 속의 시료가 온도계의 끝부분과 같은 위치에 오도록 그림 2-6 (c)와 같이 고무밴드로 고정한다.

⑤ 가열기로 녹는점 측정기구(Thiele관)의 가장 낮은 곳을 가열하여 녹는점 10~15℃ 부근까지는 빨리 가열하고 그 후에는 1℃/분 정도의 비율로 가열한다.

⑥ 녹는점 부근에 이르면 시료는 모세관벽에서부터 녹기 시작하므로 이때의 온도와 시료가 전부 액화되었을 때의 온도를 기록하여 녹는점의 범위로 한다. 고체가 없어진 온도가 녹는점이 되는데, 순수한 시료일 때는 녹는점의 범위가 대략 0.5℃이나 불순물이 있으면 이 차는 커진다. 이 차로 대략적인 물질의 순도를 추정해 낼 수 있다.

⑦ 또는 그림 2-7의 장치에 시료가 담긴 모세관을 넣고 녹는점을 측정한다.

⑧ 측정한 녹는점을 문헌값과 비교한다.

참고 녹는점(문헌값)

- 아세트아닐라이드 = 113 ~ 115℃
- 아스피린 = 134 ~ 137℃
- 나프탈렌 = 79 ~ 80℃
- 벤조산 = 121 ~ 124℃

실험 2-3 끓는점(Boiling point) 측정

1. 목적

액체 시료의 순도를 결정하기 위하여 끓는점을 측정한다.

2. 관련이론

액체의 끓는점(boiling point, b.p.)은 액체의 증기압이 대기압과 같아지는 온도로 정의된다. 일반적으로 끓는점은 1기압에서 측정된 온도(정상끓는점이라고 함)이다. 액체의 증기압곡선으로부터 끓는점은 압력과 밀접한 관계가 있음을 알 수 있는데, 압력이 증가하면 끓는점이 높아진다(그림 2-8).

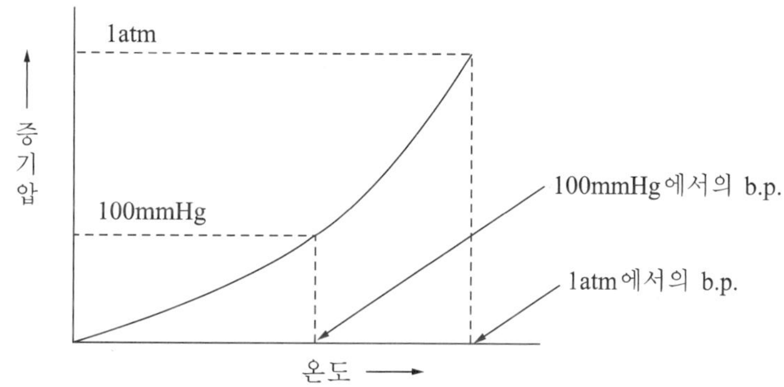

그림 2-8 액체의 온도 – 증기압 곡선

일반적인 실험에서 1기압으로부터 압력의 편차에서 기인된 끓는점의 변화는 무시해도 되지만, 정밀한 작업이나 높은 지역에서 실험할 때는 기압계의 압력을 기록해 두어야 한다. 실제 실험실에서는 대기압이 1atm보다 약간 높거나 낮으므로 끓는점을 보정해 줄 필요가 있다. 압력 P mmHg에서의 끓는점 측정값으로부터 정상끓는점은 다음의 Crafts공식에 의하여 계산할 수 있다.

P mmHg에서의 b.p.

$$= 760\,\text{mmHg에서의 b.p.} - \frac{(273 + 760\text{mmmHg에서의 b.p.}) \times (760 - P)}{10{,}000}$$

물이나 여러 액체에 대한 760mmHg 부근에서 액체의 끓는점은 표 2-1과 같다.

끓는점을 측정하는 방법에는 여러 가지가 있는데, 측정할 액의 양이 많은 혼합물에서 어떤 순수한 액체의 끓는점은 단순증류에 의하여 증류를 시행하여 끓는점을 측정하고 시료가 미량일 때는 시험관을 이용하거나 미량 끓는점 측정법으로 측정한다.

주의할 것은 일반적인 온도계는 실제 끓는점을 나타내지 않으므로 온도계를 우선 보정해 주어야 하는 것을 잊어서는 아니 된다.

표 2-1 끓는점에서 압력이 미치는 효과

압력 (mmHg)	끓 는 점 (℃)			
	에탄올	벤젠	물	아닐린
780	79.0	81.1	100.73	185.6
770	78.6	80.6	100.37	184.9
760	78.32	80.2	100.00	184.4
750	78.0	79.8	99.63	183.8
740	77.6	79.4	99.26	183.3
730	77.3	79.0	98.88	182.5
100	34.3	25.8	51.58	121.0
20	7.1	−5.6	22.14	81.9

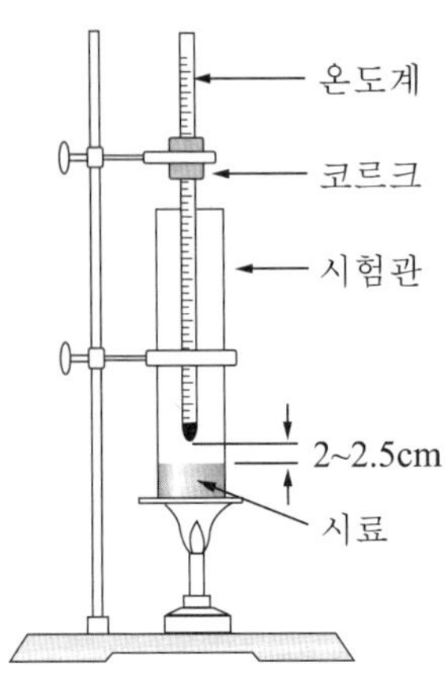

그림 2-9 시험관을 이용한 끓는점 측정장치

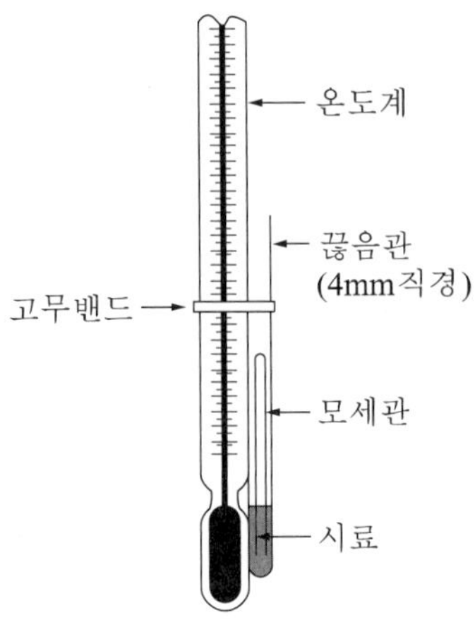

그림 2-10 미량 끓는점 측정장치

3. 실험기구 및 시약

(1) 기구 : 시험관, 수은온도계, 코르크(혹은 실리콘 마개), 가열기, 스탠드, 클램프, 기름 중탕(oil bath), 유리관(4mmϕ × 50mm), 모세관

(2) 시약 : 에탄올(C_2H_5OH)

4. 실험방법

(1) 시험관을 이용한 끓는점 측정

① 시험관에 액체시료 약 3mL를 넣고 액면 위 2~2.5cm 정도에 수은주가 닿도록 온도계를 장치한다(그림 2-9).

② 서서히 가열하면 액체가 온도계구의 윗부분 1cm까지 끓어오르면서 온도가 일정해질 때의 온도를 읽는다.

③ 시료를 식힌 뒤에 다시 반복하여 실험을 행하고 이를 끓는점 범위로 한다. 이때 대기압을 함께 기록한다.

(2) 미량 끓는점 측정

① 직경 4~5mm, 길이 50mm 유리관의 한쪽 끝을 봉해서 만든 끓음관(boiler tube)을 만든다.

② 모세관(직경 1mm)의 한 쪽 끝을 봉하고 길이 25mm가량으로 자른다.

③ 모세관의 열린 쪽을 아래로 하여 끓음관 속에 넣는다.

④ 끓음관을 온도계구 약간 위에 오도록 고무밴드로 고정한다(그림 2-10).

⑤ 시료 2~5방울을 끓음관에 넣는다. 이때 기구를 깨끗이 씻고 완전히 건조시키지 않으면 오차가 커질 수도 있다.

⑥ 끓음관 묶음장치를 기름 중탕에 넣고 서서히 가열하면 모세관외부에 증기 기포가 심하게 발생한다. 이때의 온도는 끓는점보다 약간 높다.

⑦ 그 다음 가열을 멈추어 중탕을 냉각시키면 기포가 적어지면서 기포 발생이 그치고, 순간 액체가 모세관 속으로 상승하게 된다. 이때의 온도가 그 액체시료의 끓는점이 된다.

⑧ 다시 가열하여 액체가 모세관에서 나와 기포가 생기기 시작할 순간의 온도를 읽는다. 이 두 값이 끓는점의 범위가 된다.

⑨ 2～3회 반복시험하여 평균값을 구한다. 이때 대기압을 함께 기록한다.

(3) 단순증류를 이용한 끓는점 측정

① 단순증류장치(실험 2-14 참조)를 이용하여 약 2～50mL 범위의 시료를 증류한다.
② 단순증류장치의 조작방법에 따라 증류플라스크를 가열하기 시작하여 용액이 끓기 시작하고 증류속도가 조절되어 온도가 일정하게 되면 온도를 읽고 기록한다.
③ 순수한 물질의 증류는 최종 1～2mL가 남을 때까지 한다. 끓는점의 온도범위가 넓은 경우에는 분별증류 후 다시 위 방법에 따라 끓는점을 측정한다.

실험 2-4 단순증류(Simple distillation)

1. 목적

액체 혼합물로부터 증류에 의하여 순수한 화합물을 분리하고 시약을 정제한다.

2. 관련이론

증류는 화합물을 정제하고 혼합물을 완전하게 혹은 부분적으로 분리하기 위하여 액체를 일단 기화시켜서 그것을 다시 응축시켜 액체로 회수하는 조작으로서 액체를 정제하는 가장 일반적인 방법 중의 하나이다. 증류를 하는 주된 목적은

① 불순한 액체로부터 불순물을 제거하여 순수한 액체를 정제하는 것
② 두 종류 또는 그 이상의 액체 혼합물 또는 고체가 용해되어 있는 용액으로부터 원하는 성분을 분리해 내는 것

이다. 증류의 방법으로는 상압증류(atmospheric distillation), 감압증류(vacuum distillation), 수증기증류(steam distillation) 등의 방법이 있다. 어느 경우나 증류하고자 하는 액체를 증류용 플라스크에 넣어 가열하여 거기에서 나오는 기체를 냉각기로 응축시켜 액체를 만들어 그릇에 모은다.

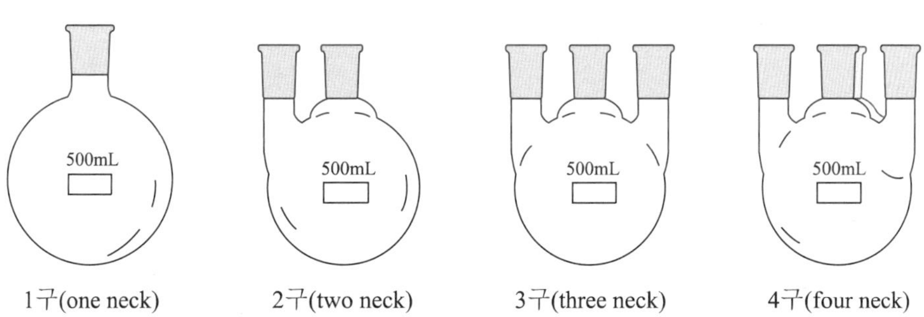

그림 2-11 둥근바닥플라스크

증류에 사용되는 주요 기구는 증류용 플라스크, 증류 연결관(distillation adapter)과 냉각기(condenser)가 있다. 증류용 플라스크는 보통 목이 긴 둥근바닥 플라스크로 입구가 1구(one neck)에서 4구(four neck)까지 용도에 맞게 사용한다. 냉각기 및 연결관 등을 쉽게 끼워 맞출 수 있도록 갈아맞춘 둥근바닥 플라스크(joint round bottom flask)를 사용하는 것이 편리하다.

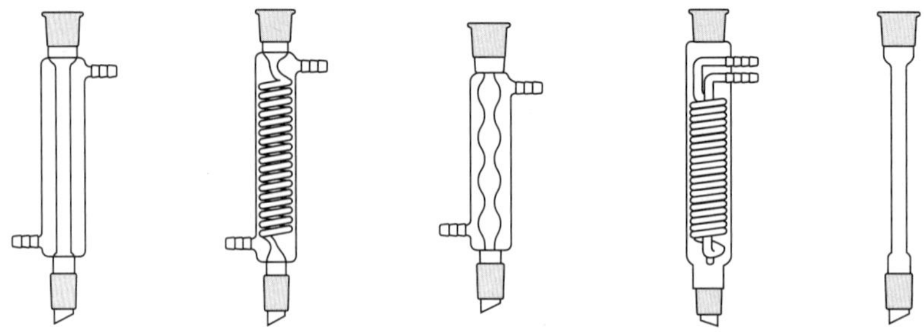

그림 2-12 냉각기(condenser)의 종류

냉각기는 내부의 관으로 증기가 통하고 그것을 둘러싸고 있는 바깥쪽의 관에 물을 흘려보내 내부의 관에 흐르는 증기를 응축시키게 된다. 냉각기는 여러 가지 모양의 것이 있다. 리비히(Liebig) 냉각관은 간단하고 가장 널리 사용되는 것으로 똑바로 세우거나 비스듬히 설치해서 사용한다. 나사관(Graham) 냉각기는 나사형 형식으로 호스가 상 · 하로 하나씩 뚫려져 있는 냉각기이다. 구관(Allihn) 냉각기는 리비히 냉각기를 개량한 것으로 냉각면이 넓어져서 그 길이가 단축된 이점이 있으며, 증류, 환류용(reflux)으로 사용한다. 환류(Dimroht) 냉각기는 이중 나사형 형식으로 된 냉각기로 환류용으로 주로 사용한다. 나사관 냉각기와 환류 냉각기는 환류용으로 주로 사용하며, 보통 연직으로 세워서 플라스크에 장착한다. 공기(air) 냉각기는 공기로 냉각시키는 냉각기이다.

둥근바닥 플라스크와 냉각기는 그림 2-13의 3구 연결관(3 way adapter) 혹은 클라이젠 연결관(Claisen adapter)으로 연결하고, 소뿔형 증류 연결관(distilling adapter)은 냉각기에서 증류액을 모으는데 사용된다.

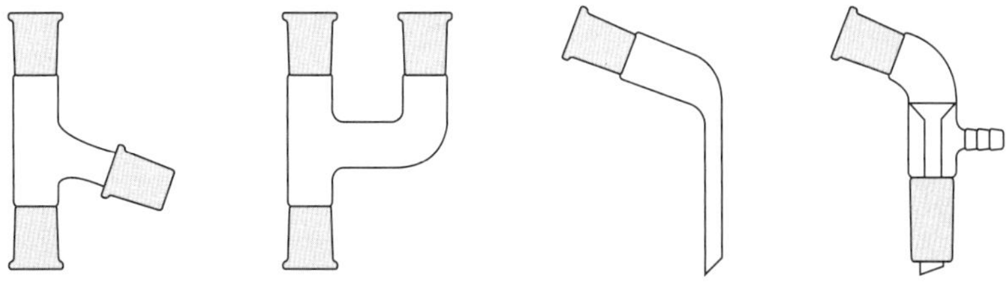

그림 2-13 증류용 연결관(distilling adapter)

단순증류(simple distillation)는 액체가 끓는 과정과 증기가 냉각되는 과정이 반복되며 증기를 냉각기에서 응축시켜 증류액을 다른 그릇에 모으는 것이다. 이 조작을 위한 대기압 하의 단순증류장치를 그림 2-14에 나타내었다.

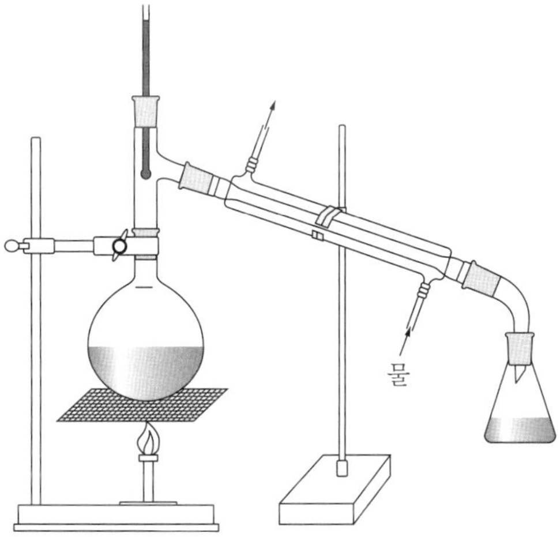

그림 2-14 단순증류 장치

3. 실험기구 및 시약

(1) 기구 : 둥근바닥 플라스크(300mL), 리비히 냉각기(Liebig condenser), 증류 연결관(distillation adapter), 가열망태기(heating mantle), 클램프, 삼각 플라스크, 온도계, 끓임쪽(boiling chip), 메스실린더, 비커

(2) 시약 : 에탄올(C_2H_5OH) 혹은 시판 소주

4. 실험방법

(1) 증류조작법

① 단순증류장치를 조립한다.

② 용도에 맞는 적절한 가열기를 선택한다. 또한 돌비현상(bumping)을 막기 위한 끓임쪽(boiling chip)을 준비하고 온도계 위치 등을 확인한다.

③ 온도계의 위치는 냉각기 연결관의 측관 바로 밑에 위치시켜 응축되는 증기의 온도를 잴 수 있도록 한다.

④ 냉각기의 물은 밑에서 위로, 즉 증기가 흐르는 반대방향(향류)으로 흘려보낸다.

⑤ 증류하고자 하는 액체의 양을 기록하고 증류플라스크에 넣는다.
액의 양은 용량의 1/3~1/2 정도로 하는 것이 좋다. 액이 2/3 이상이면 플라스크 밖으로 튀며, 액이 1/3 미만이면 증기가 플라스크를 채우느라 불필요한 열손실이 일어난다. 단, 사이클로헥산(cyclohexane) 같은 액체는 증류할 때 거품이 많이 발생하므로 큰 플라스크를 사용한다.

⑥ 가열은 초기에는 세차게 가열하고, 끓기 시작되면 끓음의 정도에 따라 가열의 정도를 조절한다. 1분당 2mL의 속도로 증류되도록 가열한다.

⑦ 초기 냉각기 안에 증류액이 첫 방울 생길 때의 온도를 기록하고 일정한 간격으로 증류 온도를 기록한다. 단, 증류의 초기에는 휘발성의 불순물이 나올 수 있으므로 처음에 유출되는 한두 방울을 버리기도 한다.

⑧ 증류액이 1~2mL 정도 남으면 증류를 중지한다. 시약정제시 증류의 마지막에는 끓는점이 높은 불순물이 유출되거나 혹은 액이 분해되어 증류물을 오염시킬 수 있으므로 플라스크 속의 액이 약간 남아 있을 때 증류를 끝낸다.

⑨ 정제된 증류액을 회수하여 모으고 수율을 계산한다.

(2) 혼합물의 분리

① 둥근바닥 플라스크에 합성에서 얻은 혼합 용액을 넣는다.
(합성혼합물이 없는 경우에는 에탄올 20mL와 물 80mL를 섞어 만든 에탄올수용액이나 시판되는 소주 100mL를 사용한다)

② 모든 연결이 단단하도록 단순증류장치를 조립한다.

③ 두세 개의 끓임쪽을 플라스크에 넣고 용액이 끓도록 서서히 가열한다.

④ 분리할 화합물의 끓는점 범위(분리할 화합물의 끓는점은 문헌에서 찾음)에서 유분을 모

은다. 가열은 1분당 2mL의 속도로 증류액이 유출되도록 행한다.
(여기서는 에탄올의 끓는점 77~79℃ 정도의 유분을 모은다)

⑤ 원하는 끓는점 범위에서 더 이상의 유출액이 없으면 증류를 멈춘다.
(이때 필요하면 유출액을 정제한다)

⑥ 분리한 증류액을 회수병에 모으고 부피를 측정한다.

(3) 시약의 정제

① 잘 세척된 100mL 둥근바닥 플라스크에 시약(화합물) 50mL를 채운다.
(혹은 위 혼합물에서 분리한 화합물을 넣는다)

② 두세 개의 끓임쪽을 넣고 단순증류장치를 조립한다.

③ 액체가 끓도록 서서히 가열한다. 가열은 1분당 2mL의 속도로 증류액이 유출되도록 행한다.

④ 증류물이 처음 몇 방울 모일 때 온도를 기록한다.

⑤ 증류시작부터 끝까지 증류온도를 수시로 기록한다. 이것이 관측된 끓는점 범위이다.

⑥ 증류액이 1~2mL 정도 남으면 증류를 멈춘다(가열기의 열원을 끈다).

⑦ 정제된 증류액을 회수병에 모으고 부피를 측정한다.

⑧ 사용된 시료와 회수된 시료로부터 회수율을 구한다.

실험 2-5 분별증류(Fractional distillation)

1. 목적

두 종류 이상의 액체 혼합물로부터 분별증류로 순수한 화합물을 분리한다.

2. 관련이론

두 액체의 끓는점의 차이가 작을 때에는 보통의 단순증류 방법으로는 그 성분을 분리하기가 어렵다. 끓는점이 서로 다른 두 종류 이상의 액체혼합물이 증발될 때 부분적으로 증발된 증기에는 원래 액체보다 휘발성이 더 많게 된다. 이 증기를 응축시킨 다음 다시 부분적으로 증발시키고 응축시키는 조작을 여러 번 반복하게 되면 결국 순수한 성분만을 얻을 수 있다. 이와 같이 끓는점이 서로 다른 두 종류 이상의 액체 혼합물을 각 물질에 따라 끓는점이 서로 다름을 이용하여 각 성분 물질로 분리하는 것을 분별증류(fractional distillation)라 한다. 여러 종류의 액체 혼합물을 가열하여 끓는점이 낮은 것에서부터 점차 높은 것을 유출하여 분리한다. 석유화학공업 등에서 석유의 분리정제에 널리 쓰인다.

분별증류장치는 혼합물이 담긴 둥근바닥 플라스크 위에 분별증류관(fractionating column)을 수직으로 세우고 분별증류관에 스테인리스 강철 스펀지나 깨진 유리조각 등을 채워서 사용한다(그림 2-15). 충전물이 채워진 분별증류관은 연속적인 단순증류를 하는 것과 같은 효과를 나타내게 된다. 분별증류관 내의 각 단계에서 만들어지는 기체상이나 액체상은 위로 갈수록 끓는점이 낮은 성분이 풍부하고, 관 아래로 내려 갈수록 끓는점이 높은 성분이 풍부하다. 증기와 응축물은 관을 통해 반대로 이동하며 휘발성이 더 큰 성분은 증기로서 관 위로 흘러 올라가고 휘발성이 작은 성분은 응축물로서 아래로 흘러내린다. 이러한 일련의 연속적인 반복과정을 거쳐 일정한 범위의 끓는점을 가진 순수한 액체를 분리해내게 된다.

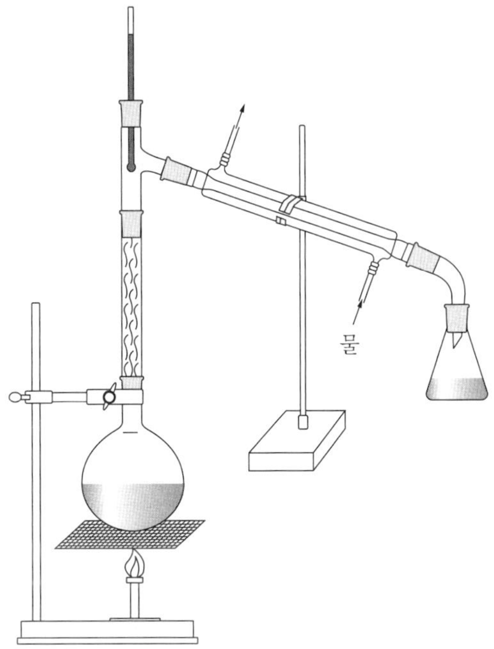

그림 2-15 분별증류 장치

3. 실험기구 및 시약

(1) 기구 : 100mL 둥근바닥 플라스크, 분별증류관(fractionating column), 리비히 냉각기(Liebig condenser), 증류 어댑터(distillation adapter), 가열망태기(heating mantle), 클램프, 삼각 플라스크, 온도계, 끓임쪽(boiling chip), 메스실린더, 비커

(2) 시약 : 에탄올(C_2H_5OH)

4. 실험방법

① 100mL 둥근바닥 플라스크에 에탄올 : 물을 1 : 1 비율로 50mL 용액을 만든다.

② 분별증류장치를 조립한다.

③ 두세 개의 끓임쪽을 플라스크에 넣고 용액이 끓도록 서서히 가열한다.

④ 끓는점 77～79℃ 정도의 유분을 모은다.

⑤ 분리한 증류액을 회수병에 모으고 부피를 측정한다.

⑥ 분별증류장치를 사용하였을 때와 단순증류장치를 사용하였을 때의 차이점을 비교검토한다.

실험 2-6 수증기증류(Steam distillation)

1. 목적

액체 혼합물로부터 수증기증류에 의하여 순수한 화합물을 분리한다.

2. 관련이론

끓는점이 높은 물질은 높은 온도로 가열하면 열분해 되기 쉬우므로 이러한 물질을 분해시키지 않고 혼합물을 분리하는 것이 필요하다. 액체 표면의 압력을 낮추면 끓는점이 내려가므로 대기압보다 낮은 압력 하에서 증류하는 것이 감압증류(vacuum distillation)이다. 감압증류 외에 물에 용해되지 않거나 물에 약간 녹는 혼합물은 물과 이중층을 이루므로 이러한 액체를 저온에서 증류하는데 수증기증류(steam distillation)를 이용한다. 수증기증류의 실제적인 장점은 그 혼합물이 끓는점이 더 낮은 구성성분의 끓는점 이하의 온도에서 증류된다는 것이다. 결론적으로는 진공 증류에 의지하지 않고도 끓는점이 높은 유기화합물을 그들의 원래 끓는점보다 낮은 온도(실제로는 100℃ 이하)에서 증류할 수 있다. 수증기증류법은 실험실과 공장에서 α-pinene, aniline, bromobenzene, nitrobenzene 및 많은 천연 향수와 향료 등의 분리에 널리 쓰인다.

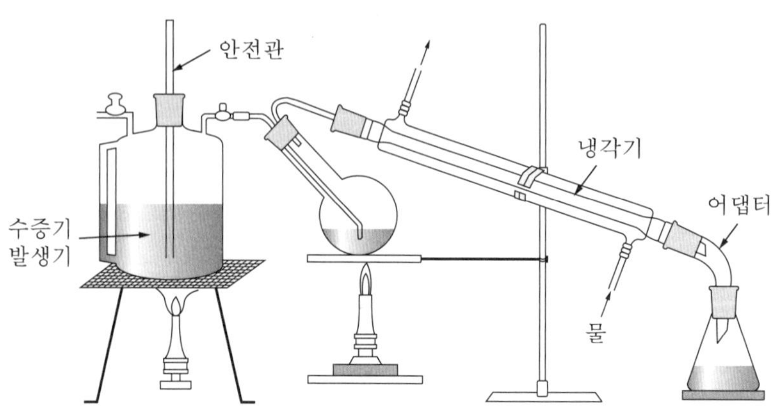

그림 2-16 수증기증류 장치

수증기증류장치는 그림 2-16과 같이 생성된 수증기가 유리관을 통하여 증류플라스크에 들어가며 주의할 점은 수증기가 응축되지 않도록 증류플라스크를 가끔 가열해야 한다는 것이다. 받는 그릇에는 물과 유출액이 층을 이루게 된다.

수증기증류법을 이용한 화합물 분리는 나이트로벤젠(nitrobenzene)으로부터 아닐린(aniline) 합성 시에 혼합용액으로부터 아닐린을 분리할 때 수증기증류로 분리한다(실험 4-2 참조).

3. 실험기구 및 시약

(1) 기구 : 100mL 둥근바닥 플라스크, 리비히 냉각기(Liebig condenser), 증류 어댑터(distillation adapter), 가열망태기(heating mantle), 클램프, 삼각 플라스크, 온도계, 끓임쪽(boiling chip), 메스실린더, 비커, 수증기발생장치(안전관, 도입관), 리트머스시험지

(2) 시약 : *o*-클로로톨루엔(*o*-chlorotoluene)

4. 실험방법

① 수증기증류장치를 조립한다.

② *o*-클로로톨루엔(*o*-chlorotoluene) 30g과 물 50mL를 100mL 둥근바닥 플라스크에 넣고 끓임쪽을 2~3개 넣는다.

③ 수증기 발생장치의 과포화수증기 제거코크를 열고 증기 공급코크를 닫은 다음 증기 발생기를 가열하여 수증기를 발생시킨다.

④ 수증기 발생장치의 공급코크를 열고 과포화수증기 제거코크를 닫고 수증기를 플라스크에 도입시켜 수증기 증류를 시작한다.

⑤ 유출액은 물에 섞여서 유적을 만들거나 유탁액으로 되어 있다. 유출액이 투명해질 때까지 증류를 계속한다. 물에 다소 용해되는 물질일 때는 투명하더라도 증류를 계속한다.

⑥ 증류가 끝나면 수증기발생기의 가열을 중지하고 수증기 발생기의 과포화수증기 제거코크를 열어 수증기를 배출시킨다.

⑦ 증류되어 나온 물과 *o*-클로로톨루엔의 부피를 재고 조사한다.

실험 2-7 감압증류(Vacuum distillation)

1. 목적

감압증류에 의하여 액체혼합물로부터 화합물을 분리한다.

2. 관련이론

낮은 압력 하에서의 분별증류 시 일어날 수 있는 단점은 대부분의 분별증류관의 분리효율을 떨어뜨린다는 점이다. 액체표면의 압력을 낮춤으로써 액체의 끓는 온도가 내려가기 때문에 증류장치 내부의 공기를 진공펌프로 흡인하여 대기압보다 낮은 압력에서 증류하는 것이 감압증류(vacuum distillation)이다. 이 방법은 높은 온도에서 분해되는 액체(혹은 낮은 온도에서 녹는 고체)를 정제하는데 유용하다. 예를 들면, 글리세롤은 760mmHg의 압력에서는 290℃에서 약간 분해되며 끓지만, 12mmHg 압력 하에서는 분해되지 않고 180℃에서 끓는다.

끓는점에 대한 압력의 영향은 다음 식으로 나타낼 수 있다.

$$\log_{10}\frac{760}{P} = (4.81 \sim 5.46)\,\frac{\text{정상끓는점(b.p.)}}{T} - 1$$

여기서, P는 용액 위의 압력(mmHg), 즉 감압시켜야 할 압력이고, T는 이 압력에서의 끓는점으로 Kelvin(K)온도, $T = 273.15 + t$℃이다. 정상끓는점(b.p.)은 760mmHg에서의 끓는점이다. 위 식은 대부분의 유기 액체에 대해서는 아주 정확하지만 분자들 간에 현저히 큰 인력을 가진 물, 알코올, 산 등에 대해서는 오차가 있다.

예를 들면, 나이트로벤젠에 대하여 고려해보면 나이트로벤젠의 정상끓는점은 211℃이다. 만일 원하는 끓는점이 100℃라면 이때 필요한 압력은 위 식에 대입하여 P에 대하여 풀면 $P = 18$mmHg이다. 이 압력에서 나이트로벤젠을 증류했을 때 관측되는 온도(98℃)는 원했던 온도인 100℃와 거의 일치한다.

그림 2-17에 나타난 감압증류장치는 보통의 증류에 알맞은 것이다. 5mL 이하의 증류에 대해서는 기체의 정체에 따른 기계적 손실을 최소화하기 위하여 클라이젠 연결관(Claisen adapter)을 떼어내고 시료를 천천히 증류한다. 끓임 플라스크의 크기는 증류를 시작할 때 액

이 반 이하가 될 정도라야 한다. 가열을 규칙적으로 유지하는 것이 필요하고, 이를 위해서 기름중탕(oil bath) 혹은 모래중탕(sand bath)을 사용하는 것이 바람직하며 가열망태기(heating mantle)를 사용할 수도 있다. 중탕온도는 보통 증류하는 액체의 온도보다 15～25℃ 정도 높다. 끓임쪽(boiling chip)은 공기 공급이 제한되기 때문에 진공증류에서는 종종 비효율적이다. 증류를 효율적으로 하기 위해서는 자석교반기로 끓는 혼합물을 세게 교반하는 것이다. 갈아맞춘 유리기구를 사용하는 진공증류에서는 증류도중 새는 것을 방지하고 이후에 연결 부위를 쉽게 분리시키기 위해서 윤활제를 바르는 것이 필수적이다. 증류플라스크 내의 압력을 감소시키려면 먼저 열을 제거하고 플라스크를 차게 식혀야 한다. 그 후에 안전플라스크의 마개를 열어 기구 안의 압력을 대기압과 같게 해야 한다.

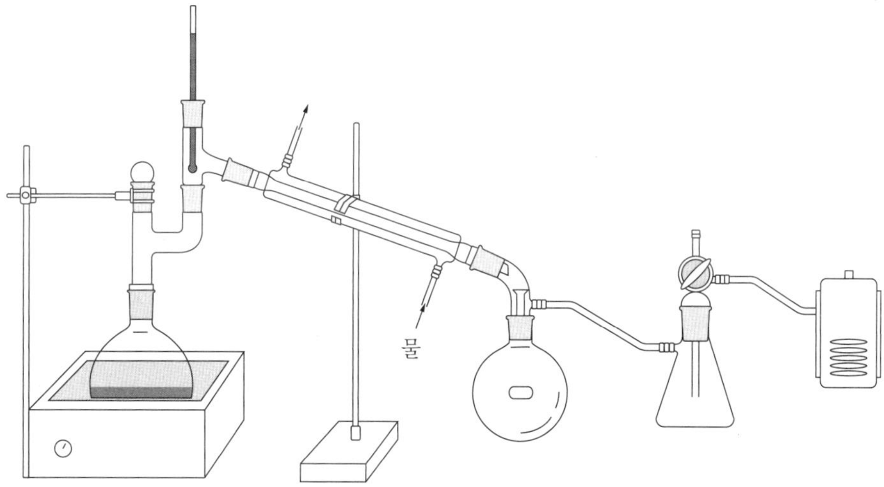

그림 2-17 감압증류 장치

3. 실험기구 및 시약

(1) 기구 : 감압증류장치, 증류플라스크, 비커, 가열망태기(heating mantle), 물중탕(water bath), 온도계

(2) 시약 : 벤즈알데하이드(benzaldehyde), 탄산나트륨(Na_2CO_3), 무수 황산마그네슘($MgSO_4$), 하이드로퀴논(hydroquinone)

4. 실험방법

① 감압증류장치를 조립한다.

② 공업용 벤즈알데하이드(benzaldehyde) 60g(50mL)를 10% 탄산나트륨(Na_2CO_3) 용액 20mL로 2회 씻는다(공업용 벤즈알데하이드에는 소량의 벤조산이 포함되어 있기 때문이다).

③ 다시 물로 씻은 후 무수 황산마그네슘($MgSO_4$) 5~10g으로 건조시킨다. 이때 산화방지제인 하이드로퀴논(hydroquinone)이나 카테콜(catechol)을 소량 넣어주면 좋다.

④ 여과지로 여과한 후 건조시킨 시료를 증류플라스크에 넣는다.

⑤ 30mmHg 이하로 감압하면서 증류한다. 보안경을 반드시 착용한다.

⑥ 정제된 벤즈알데하이드를 모을 플라스크에 극미량의 산화방지제를 넣고 수기를 모은다. 벤즈알데하이드는 쉽게 산화되어 벤조산이 되기 때문이다.

⑦ 실험 중 일정한 감압 하에서의 끓는점을 측정하고 식에서 계산된 끓는 온도와 비교한다.

⑧ 증류액을 모아서 회수율을 구한다.

참고 벤즈알데하이드의 끓는점

- 760mmHg : 180℃
- 50mmHg : 95℃
- 25mmHg : 80℃
- 15mmHg : 70℃

실험 2-8 재결정(Recrystallization)

1. 목적

고체 물질의 순도를 높이기 위하여 재결정을 한다.

2. 관련이론

고체물질의 순도를 높이고자 정제하는 방법으로 흔히 재결정법(recrystallization)을 사용한다. 유기합성반응에서 얻은 결정이나 동・식물의 추출물에서 얻은 결정은 많은 불순물을 함유하고 있으므로 순수한 화합물을 얻기 위해서는 적당한 분리정제법을 병행하여 재결정을 반복해야 한다.

유기합성에서 얻은 불순물이 섞인 고체유기화합물은 적당한 용매로부터 결정을 용해시킨 다음 재결정화하여 정제할 수 있다. 용매 내에서 대부분의 유기화합물에 열을 가하면 결정구조가 분해되어 용해된다. 일반적으로 결정을 용매 중에 가열용해 시킨 후 실온 또는 그 이하까지 서서히 냉각하여 용해도를 줄이면, 처음 고체가 용액으로부터 분리되어 순수한 결정화 물질이 용액으로부터 분리되고 불순물은 용융액이나 용액 속에 남아 있게 되어 이 용액을 여과건조시켜 순수한 물질을 얻는다.

재결정법에서 결정화에 큰 영향을 미치는 가장 중요한 것은 용매이다. 이상적인 결정화 용매는 온도에 따라 용해도의 차이가 커야 한다. 유기화합물의 용해도는 용매와 용질의 두 가지 극성 정도의 상관관계로 알 수 있다. 용해의 일반적인 규칙인 “like dissolves like”에 따라서 이온성 결정은 극성이 큰 용매에 잘 녹고, 비이온성 결정은 비극성 용매에 잘 녹는다. 보통 화합물이 수소결합을 형성할 수 있는 작용기(예 : -OH, -NH, -COOH, -CONH) 등은 벤젠 혹은 헥산과 같은 탄화수소 용매보다 물 혹은 메탄올 같은 수산기를 가진 용매에 더 잘 용해될 것이다. 그러나 만일 작용기가 분자의 주요한 부분이 아니라면 이러한 용해도 작용은 반대가 된다. 예를 들면, dodecyl alcohol [$CH_3(CH_2)_{10}CH_2OH$]은 물에 거의 녹지 않는데, 그 이유는 알코올보다 긴 탄화수소사슬이 탄화수소와 같은 작용을 하기 때문이다.

재결정에 사용되는 용매는 다음의 몇 가지 기준에 부합되어야 한다.

① 용질과 불순물에 대한 온도계수가 적합해야 한다. 즉, 정제하고자 하는 물질은 이상적으로 뜨거운 용매 속에서는 완전히 녹고 반면에 차가운 용액에서는 가능한 불용성이어야 한다. 이래야 용질의 회수량이 많다.

② 결정을 얻기 쉽도록 용매의 끓는점이 낮을수록 좋다.

③ 용질의 녹는점보다 용매의 끓는점이 낮은 것이 좋다.

④ 용매는 정제하고자 하는 물질과 화학적으로 반응하지 않아야 한다.

⑤ 만일 단일용매 중에서 재결정이 잘 이루어지지 않을 시에는 용해능이 큰 용매에 용해능이 작은 용매 2종 혹은 3종을 혼합하여 물질의 용해성을 감소시켜 결정을 석출하는 방법을 채택하기도 한다.

일반적으로 사용하는 용매와 혼합용매는 다음 표 2-2와 표 2-3과 같다.

표 2-2 재결정에 사용하는 용매

용 매	b.p.(℃)	비중	용 매	b.p.(℃)	비중
물	100	1.000	벤젠 *	80	0.879
에탄올 *	78	0.790	톨루엔 *	111	0.876
메탄올 *	65	0.791	사염화탄소	77	1.594
다이에틸에터 *	35	0.714	아세트산	118	1.049
아세톤 *	56	0.790	사이클로헥산 *	81	0.779
다이클로로메탄	41	1.335	T.H.F. *	65	0.890
클로로폼	61	1.492	아세트산에틸 *	77	0.902

* 가연성 액체

표 2-3 재결정에 사용하는 혼합용매

혼 합 용 매	혼 합 용
물－아세트산	벤젠－석유용매
물－메탄올	에터－메탄올
물－에탄올	에터－에탄올
물－벤젠	에터－아세톤
벤젠－메탄올	에터－석유용매

결정을 용액에 용해하였을 때 녹지 않는 고체형태의 불순물을 제거하기 위하여 뜨거운 용액을 거른 다음, 이 용액을 실온에서 방치하여 천천히 냉각시켜 가급적 큰 결정이 생기도록 한다. 이때 급랭하거나 결정이 생기기 시작할 때 흔들거나 하면 미세한 결정이 생기므로 주의한다. 결정의 표면적이 크면 용액속의 불순물이 흡착되기 쉽다. 그러나 결정이 너무 크면(보통 2mm 이상) 결정 속에 용매가 끼어 들어가는 현상이 생기고 건조가 어려운 단점이 있으므로 결정의 크기를 적절히 조절해야 한다.

충분히 냉각되었는데도 결정이 생기지 않는 현상, 즉 과냉각현상(supercooled solution)이 생기는 경우에는 원래 고체의 결정(seed)을 조금 넣어주면 대체로 쉽게 결정이 생길 수 있다.

재결정이 형성되면 이것을 여과하여 결정을 회수한다. 이때 되도록 결정을 적절한 용매로 세척할 필요가 있다. 사용할 용매는 결정에 대한 용해도가 적은 것을 사용해야 하며 세척 전에 먼저 차가운 상태로 유지해야 한다. 이것은 세척 시에 세정 용매에 의한 결정의 용해로 인한 수율의 감소를 줄이기 위해서이다.

여과하여 회수한 결정을 깨끗한 시계접시에 옮긴 다음, 공기 중에서 완전히 건조하거나 가열기(oven)나 진공 데시케이터(vacuum desiccator) 속에서 건조한다.

3. 실험기구 및 시약

(1) 기구 : 250mL 삼각플라스크, 비커, 메스실린더, 가열기, 유리막대, 흡인 여과기, 뷰흐너 깔때기, 유리섬유 거름종이(GF/C), (활성탄)

(2) 시약 : 아세트아닐라이드(acetanilide)

4. 실험방법

① 250mL 삼각플라스크에 아세트아닐라이드(acetanilide) 6g을 넣고 물 60mL 정도를 가한다.

② 끓임쪽(비등석) 2~3개를 넣고 끓을 때까지 가열한다. 약간의 acetanilide가 용해되어 물과 기름층을 형성한다.

③ 기름층이 완전히 녹을 때까지 용액에 뜨거운 물 3~5mL씩을 계속 첨가하면서 유리막대로 저어주어 acetanilide를 완전히 용해시킨다.

④ 기름층이 형성되는 것을 방지한다.

만일, 용액이 착색되어 있다면 약간 냉각시킨 후 활성탄 약 1.2g을 넣고 다시 가열하면 유색의 불순물이 흡착되어 용액은 무색이 된다.

⑤ 용액이 뜨거울 때 (증기중탕에서) 보온여과를 실시한다.

⑥ 거른 액을 실온에서 냉각시키면 결정이 석출되기 시작하고 30분 정도 지나면 결정이 완전히 석출된다.

⑦ 생성된 결정용액은 뷰흐너 깔때기를 사용하여 흡인여과한 다음, 차가운 증류수 약 5mL로 결정에 부착된 모액을 세척한다.

⑧ 결정을 채취하여 여과지 위에서 건조시킨다. 이때 먼지가 들어가지 않도록 주의한다.

⑨ 무게를 달아 재결정에 의한 수율을 계산한다.

⑧ 필요하면 재결정된 시료의 녹는점(m.p.)을 측정하고, 재결정하기 전의 결정의 m.p.와 비교검토한다.

참고 아세트아닐라이드(acetanilde)의 물성

- 구조식

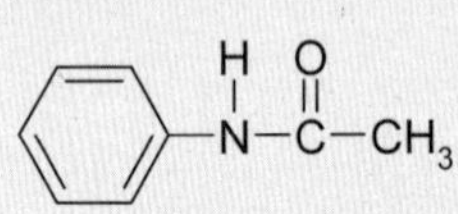

- 비중(15°/4℃) = 1.214
- m.p. = 113~114℃
- 물에 대한 용해도는 100℃에서 5.5g/100mL H_2O, 0℃에서 0.53g/100mL H_2O

실험 2-9 액체 – 액체 추출(Liquid – liquid extraction)

1. 목적

액체 혼합물 중에 포함되어 있는 어떤 물질을 용매를 사용하여 추출해 낸다.

2. 관련이론

고체 또는 액체 중에 포함되어 있는 어떤 물질을 용매를 사용하여 분리해 내는 조작을 추출(extraction)이라 한다. 혼합물에서 화합물을 분리해내는 방법 중 가장 많이 이용되는 것은 액체 – 액체 추출과 고체 – 액체 추출이다. 식초에서 아세트산을 분리하거나 합성반응의 용액 혼합물에서 어떤 액체 물질을 액체 – 액체 추출로 분리해내려면 용액에는 녹지 않고 추출하고자 하는 물질을 녹일 수 있는 액체를 용매로 사용한다. 한 액상으로부터 어떤 화합물을 다른 액체상으로 추출하는 것은 두 용매에서 그 물질의 용해도에 의한 일종의 평형과정에 의해 지배된다. 이때 용해도의 비를 소위 분배계수(distribution coefficient, K_d)라 하고, 상 1에서의 A의 농도에 대한 상 2에서의 A의 농도비, 즉 상 1에서의 용해도에 대한 상 2에서의 용해도의 비로 나타낸다.

$$K_d = \frac{\text{상 2에서의 용해도}}{\text{상 1에서의 용해도}}$$

액체 – 액체 추출에는 분액깔때기(separatory funnel)를 주로 사용한다. 분액깔때기는 용액과 용매가 3/4 이상 되지 않을 정도의 크기를 사용하여 한 손으로 상단의 마개를 쥐고 다른 손으로 스톱코크(stopcock)를 단단히 잡고 거꾸로 하여 세게 흔든다. 이때 격렬하게 흔들어 주는 이유는 용매상의 접촉면을 크게 하여 액체 – 액체 평형에 빨리 도달하도록 하기 위해서이다. 특히 휘발성 용매를 사용할 때에는 발생하는 기체를 제거하기 위하여 깔때기를 거꾸로 한 상태에서 코크를 열어서 내압을 제거시킨다. 용액과 용매가 완전히 분리될 때까지 정치하고 코크를 열어 두 층을 분리한다.

추출과정에서 두 용액 사이에 층분리가 잘 일어나지 않는 경우, 즉 에멀견(emulsion)이 생기는 경우가 있다. 에멀견은 다음의 몇 가지 방법으로 제거할 수 있다.

① 깔때기에 소금물 몇 mL를 넣고 다시 흔든다. 수용액층의 이온세기를 크게 하면 에멀젼이 파괴되는 힘이 커질 수 있기 때문이다.
② 비균질을 거르고 거른 액을 분액깔때기에서 분리한다. 때때로 소량 존재하는 수지(resin)상의 물질이 에멀젼의 원인이 될 수 있다. 이 물질을 여과지로 거르면 에멀젼이 파괴될 수 있다.
③ 물에 녹는 세제를 조금 넣고 다시 흔든다. 이 방법은 앞의 두 방법에 비해 권장할 만하지 못한데 특히 수용액 층에 원하는 물질이 녹아 있을 경우에는 더욱 그렇다. 왜냐하면 넣어준 불순물도 분리하여야 하기 때문이다.
④ 마지막으로 분리하기 어렵고 해결이 안 되는 에멀젼이 생성되면 추출 용매를 바꿔 볼 수밖에 없다. 에멀젼 생성 원인 중의 하나는 녹지 않는 물질이 두 층의 경계면에 모이는 것으로 이것 때문에 두 층의 경계면을 알아보기 어렵게 된다.

3. 실험기구 및 시약

(1) 기구 : 삼각플라스크(250mL), 분액깔때기(250mL, 150mL), 메스실린더, 비커, 가열기, 증류장치
(2) 시약 : 아세트산(CH_3COOH), 다이에틸에테르($C_2H_5OC_2H_5$), 페놀프탈레인(phenolphthalein), 수산화나트륨(NaOH)

4. 실험방법

(1) 단순추출(simple extraction)

① 250mL 삼각플라스크(Erlenmeyer flask)에 증류수 100mL와 아세트산 8mL를 넣고 잘 혼합하여 아세트산수용액을 만든다. 혹은 시판되는 식초(vinegar)를 적당량 사용한다.
② 250mL 분액깔때기에 아세트산수용액 50mL를 넣고 용매 다이에틸에테르(diethyl ether) 150mL를 넣은 다음, 한 손으로 상단의 마개를 쥐고 다른 손으로 스톱코크(stopcock)를 잡고 거꾸로 하여 세게 흔든다.
③ 분액깔때기를 정치시켜 충분히 두 층으로 분리되면 아래층의 수용액을 깨끗한 비커에 받는다.
④ 위층인 아세트산에테르용액을 단순증류에 의하여 에테르를 분리해 낸다. 이때 에테르는

가연성의 액체로 물중탕으로 가열을 해야 한다.

⑤ 증류잔유물인 아세트산의 부피(mL)를 잰다.

⑥ 단순추출로 회수한 아세트산의 부피%를 계산한다.

$$\text{회수한 아세트산 \%} = \frac{\text{추출로 얻은 아세트산의 양(mL)}}{\text{시료중의 아세트산의 양(mL)}}$$

(주) 시료 중의 아세트산의 양은 실험에 사용된 아세트산의 부피가 되고 혹은 시판 식초를 사용한 경우에는 [식초의 부피 × 식초(아세트산)농도(v/v%)]로서 계산한다.

(2) 다중추출(multiple extraction)

① 아세트산수용액 50mL를 150mL 분액깔때기에 넣고 다이에틸에테르 50mL로 추출조작을 한다.

② 분액깔때기를 정치시키고 두 층으로 분리되면 아래층의 수용액층을 비커에 받아 담는다.

③ 위층의 아세트산에테르용액을 다른 비커에 담는다.

④ 수용액층을 다시 분액깔때기에 넣고 새로운 에테르 50mL로 두 번째 추출을 시행한다. 이때 위층의 아세트산에테르용액은 첫 번째 추출에서 얻은 아세트산에테르용액에 합한다.

⑤ 다시 또 분리한 수용액층을 새로운 에테르 50mL로 세 번째로 추출한다.

⑥ 이것을 분리하여 위층의 아세트산에테르용액을 모두 합한다.

⑦ 단순증류로 에테르를 분리해내고 남은 아세트산의 양을 잰다.

⑧ 다중추출로 얻은 아세트산의 %를 계산하고 단순추출로 얻은 %와 비교한다.

참고

추출 중에 분액깔때기의 아래층에서 받은 수용액 중에는 미량의 아세트산이 포함되어 있고, 이 양을 정량하려면 페놀프탈레인 2~3방울을 지시약으로 넣고 0.3N-NaOH로 적정하여 수용액층에 잔존하는 아세트산의 양을 다음 식으로 계산한다.

즉, $NV = N'V'$

여기서, N : 수용액의 노말농도

V : 수용액의 부피(mL)

N' : 적정에 사용된 NaOH의 노말농도

V' : NaOH의 적정량(mL)

실험 2-10 고체-액체 추출(Solid-liquid extraction)

1. 목적

고체 중에 포함되어 있는 어떤 물질을 용매를 사용하여 추출해 낸다.

2. 관련이론

나뭇잎 껍질에서 알칼로이드(alkaloid), 종자에서의 향기 있는 물질, 꽃에서의 향료, 사탕수수에서의 사탕 등을 분리하는 것은 주로 고체-액체 추출(solid-liquid extraction)로 수행하며 이때 용매로는 에테르(ether), 클로로폼(chloroform), 아세톤(acetone), 이황화탄소(carbondisulfide), 알코올(alcohol), 물 등이 이용된다. 이때 두 성분 중 한 성분은 아주 조금 녹고 다른 성분은 전혀 녹지 않을 때 연속추출장치를 사용하면 아주 작은 용매로 추출을 수행할 수 있다. 일반적으로 soxhlet 장치(그림 2-18)를 사용하여 연속적으로 고체-액체추출을 한다.

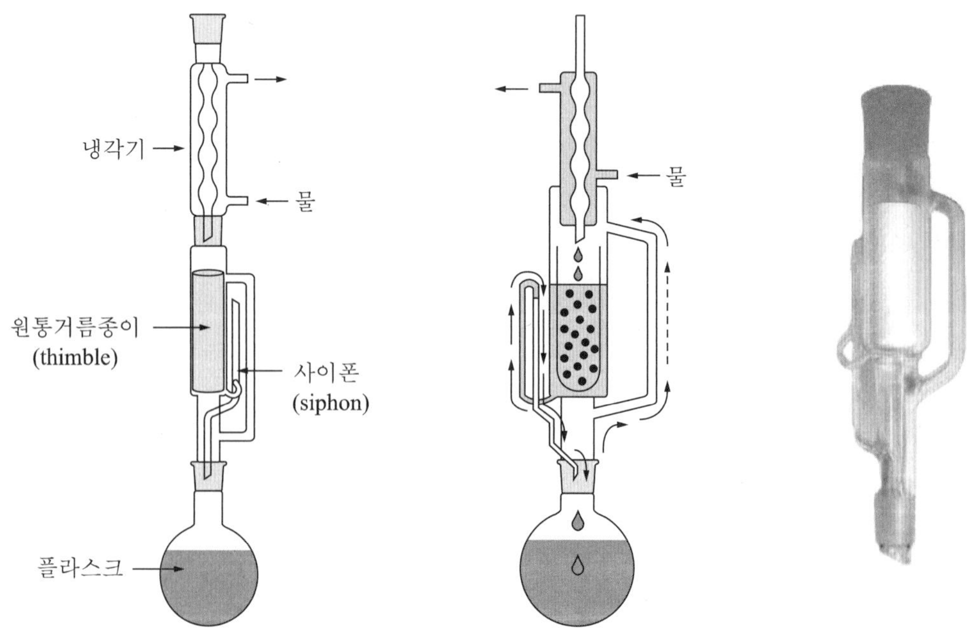

그림 2-18 Soxhlet 추출장치

속슬렛(soxhlet) 장치는 유리제로 추출용매를 담는 플라스크, 사이폰(siphon)이 달린 추출원통, 그리고 냉각기의 3부분으로 되어 있다. 추출원통 속에 원통거름종이(porous thimble)를 장착하고 거기에 추출할 고체를 넣는다. 추출용매는 가열되는 플라스크 속에 약 1/3~2/3 정도 넣는다. 이렇게 하면 용매는 끓어서 그 증기가 속슬렛의 측관으로 상승하여 냉각기에서 냉각되고 액체가 되어 떨어져 원통거름종이에 고인다. 추출원통 속에 액체가 점점 고여서 사이폰(siphon)의 상단에 도달하게 되면 액체가 전부 아래쪽 가열플라스크 속에 모인다. 이때 고체에서 녹아 나온 성분이 액에 용해된 채로 용매와 함께 플라스크에 옮겨간다. 이 현상이 되풀이됨에 따라 고체에서 성분이 모두 추출되게 된다.

예를 들면, 콩에서 유지(fat and oil)를 추출하고자 할 때 에테르를 용매로 하여 위와 같은 속슬렛 장치를 이용하여 유지를 효과적으로 추출해 낼 수 있다. 추출조작이 끝나면 가열을 중지하고 추출된 용액을 물중탕(water bath)으로 증류(즉, 에테르와 유지의 비등점 차를 이용)하여 에테르만을 제거해 버리면 유지를 얻을 수 있다. 이때 주의할 점은 에테르는 가연성의 액체로 물중탕으로 가열을 해야 한다는 것이다.

시판되는 아스피린 정(aspirin tablet)은 아세틸살리실산(acetylsalicylic acid)과 녹말로 이루어져 있으며 위 점막을 보호하기 위하여 염기성 완충제가 들어 있다. 1853년 프랑스 화학자 Charles Frederic Gerhardt가 아세틸살리실산를 처음 합성한 이래, 1899년 독일의 Bayer사가 아스피린(aspirin)이란 상품명으로 판매하기 시작하였다. 이 약은 말라리아의 고열을 완화시켜 주는 효과와 함께 해열 진통제로 널리 사용되고 있으나 위장의 점막을 자극하는 것으로 알려져 있다. 아세틸살리실산은 더운 물, 알코올, 에테르에 잘 녹는다. 아스피린 정에서 아세틸살리실산을 에탄올로 추출하여 정량할 수 있다. 아스피린 한 알에는 대략 0.32g의 아세틸살리실산이 들어 있다.

차(tea) 잎에는 약 3~5%의 카페인(caffeine)이 함유되어 있으며 더운 물로 카페인을 추출할 수 있다. Tannic산과 같은 불순물은 탄산칼슘(calcium carbonate)을 첨가하여 제거하고 추출된 용액은 클로로폼(chloroform)으로 추출한다. 이때 차 속에 있는 갈산(gallic acid)이나 탄닌(tannin)은 클로로폼에 녹지 않으므로 수용액층에 남게 된다. 차의 갈색은 주로 플라보노이드(flavonoid) 색소와 클로로필(chlorophyll)의 색이다. 클로로필은 클로로폼에 조금 녹지만 그 이외의 차 성분은 녹지 않기 때문에 차의 클로로폼 추출액은 거의 순수한 카페인으로 되어 있다.

3. 실험기구 및 시약

(1) 기구 : 둥근바닥 플라스크, 속슬렛(soxhlet), 냉각기, 원통거름종이(thimble), 가열기, 비커, 메스실린더, 삼각플라스크(500mL), 분액깔때기, 감압여과장치, 물중탕(water bath), 증류장치

(2) 시약 : 콩(대두), 녹차(혹은 찻잎), 다이에틸에테르($C_2H_5OC_2H_5$), 탄산칼슘($CaCO_3$), 클로로폼($CHCl_3$), 에탄올(C_2H_5OH), 아스피린(aspirin) 알약

4. 실험방법

(1) 속슬렛 장치를 이용한 콩에서 유지의 추출

① 콩(대두) 분말 약 5g을 원통거름종이(thimble)에 채우고 탈지면으로 막은 후 이를 속슬렛(soxhlet) 추출관에 넣는다.
② 250mL 플라스크에 다이에틸에테르(diethylether) 약 1/2를 넣는다.
③ 속슬렛 추출장치를 조립한다.
④ 물중탕(60~80℃)에서 가열하여 약 10시간 정도 추출을 행한다.
⑤ 추출을 끝낸 후 추출관에 붙은 추출물을 완전히 회수한다.
⑥ 단순증류로 용액이 약 10mL 정도 남을 때까지 에테르를 증류한다. 이때 에테르는 비점이 낮은(35℃) 가연성으로 물중탕에서 가열을 하여야 한다.
⑦ 무게를 아는 플라스크에 용액을 넣고 물중탕으로 에테르를 증발시킨 후 건조시킨다.
⑧ 추출된 유지의 양(g)을 잰다.
⑨ 추출한 지방의 양을 실험에 사용한 시료의 양의 비를 계산하여 시료 중의 지방 %를 계산한다.

$$\text{지방 \%} = \frac{\text{추출한 지방의 양(g)}}{\text{실험에 사용한 시료의 양(g)}} \times 100$$

(2) 아스피린 알약에서 아세틸살리실산 분리

① 시판되는 아스피린 알약(aspirin tablet) 10알을 250mL 삼각플라스크에 넣는다.
② 95% 에탄올 10mL를 플라스크에 가하고 증기중탕(steam bath)이나 기름중탕(oil bath)에서 분해될 때까지 혼합물을 저어주면서 가열한다.

③ 아세틸살리실산(acetylsalicylic acid)이 녹은 후 결합체로 사용한 녹말은 남는다.

④ 불용성 물질을 제거하기 위하여 뜨거운 용액을 거른다.

⑤ 거른 액에 찬물 50mL를 가하면 아세틸살리실산이 결정화되기 시작한다.

⑥ 10분 정도 상온에 방치하고 5분 정도 얼음중탕에 방치한다.

⑦ 감압여과하고 약간의 찬물로 아세틸살리실산을 세척한다.

⑧ 추출된 아세틸살리실산을 공기 중에서 건조시킨 후 무게를 잰다.

⑨ 아스피린 한 알에 들어 있는 아세틸살리실산의 양을 계산한다.

참고 아스피린의 성질 및 용도

- 화학명 : acetylsalicylic acid
- 구조식

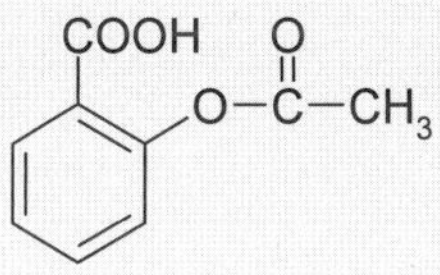

- m.p. = 128~137℃
- 분자량 = 180.15
- 아스피린 정은 녹말과 함께 아세틸살리실산을 압축하여 알약으로 만든 것이다.
- 아스피린은 찬물보다 더운 물에 잘 녹고, 알코올이나 에테르 등에 쉽게 녹는다.
- 용도 : 일반적으로 진통, 해열제로 널리 쓰이나 위장의 점막을 자극하는 것이 문제이다.

(3) 차(tea)에서 카페인의 분리

① 500mL 삼각플라스크(Erlenmeyer flask)에 125mL의 증류수를 넣고, 차(tea, 혹은 차잎 또는 녹차) 15g과 탄산칼슘 15g을 가한다.

② 20분 동안 저으면서 끓인다.

③ 감압여과하여 여과한다. 이때 차의 잎사귀에서 액체를 다 뽑아내도록 한다.

④ 상온으로 냉각시킨 여액을 분액깔때기(separatory funnel)에 옮기고 클로로폼(chloroform) 50mL를 가하고 10분 정도 조용히 저어 에멀젼 현상이 일어나지 않게 한다.

⑤ 분액깔때기로 두 층을 분리하여 아래층(유기층)만 삼각플라스크에 받는다.

⑥ 한 번 더 클로로폼으로 추출을 행한다. 필요하면 수 회 시행한다.

⑦ 유기층 용액을 증류하여 약 10mL가 남을 때까지 클로로폼을 증류한다.

⑧ 무게를 아는 플라스크에 용액을 넣고 물중탕으로 클로로폼을 증발시켜 건조시킨다.

⑨ 추출된 카페인의 양을 잰다.

⑩ 추출한 카페인(caffeine) 고체를 95% 에탄올(ethanol)로 재결정 시킨다.
카페인 1g당 에탄올 5mL를 사용한다.

⑪ 추출한 카페인의 양을 실험에 사용한 시료의 양의 비로써 카페인 %를 계산한다.

$$\text{카페인 \%} = \frac{\text{추출한 카페인의 양(g)}}{\text{실험에 사용한 시료의 양(g)}} \times 100$$

참고 Caffeine의 성질 및 용도

• 구조식

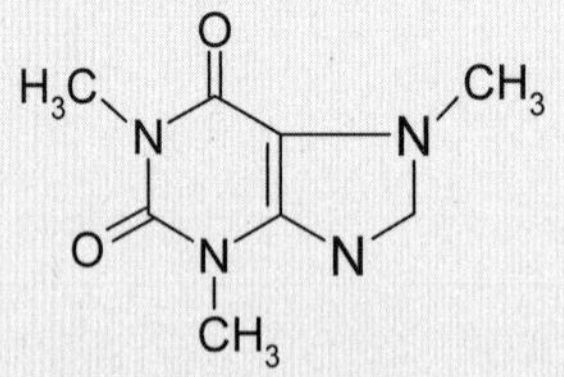

• m.p. = 235℃

• 분자식 : $C_8H_{10}N_4O_2$

• 용도 : 강심제(cardiac), 호흡과 정신자극제, 이뇨제(diuretic)

• 질소, 이절환상 물질로 RNA, DNA와 관련이 있다.

03 유기화합물 확인실험

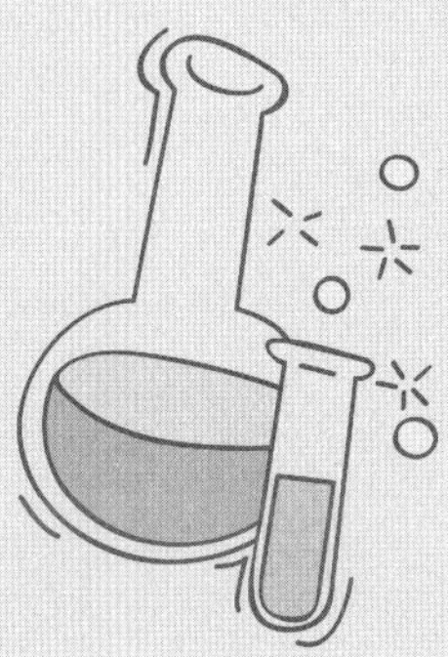

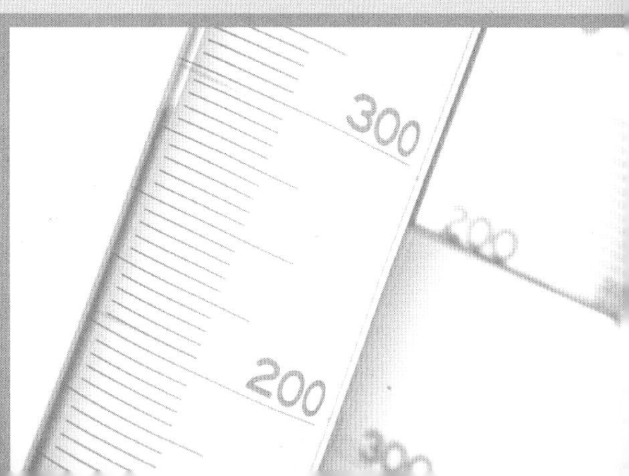

실험노트

실험 No.	학 번	성 명	실험일자	검 인
실험제목				

1) **실험목적**

2) **관련이론**

3) **사용하는 실험기구**

4) **사용하는 화합물의 종류 및 특성**

시약명	구조식 (혹은 분자식)	사용량 (g, mL)	농도% (혹은 순도%)	특 징

(주) 물성(농도, 밀도 등)은 시약병에 있는 수치를 우선으로 하고 없는 경우에는 문헌값을 활용한다.

5) **실험방법**(flowchart)

6) **실험결과 자료**

7) **검토 및 분석**

8) **참고문헌**

실험 3-1 Lucas 시험

1. 목적

알코올 화합물로부터 알코올의 종류(1차, 2차, 3차 알코올)를 알아내고 그 반응성을 조사한다.

2. 관련이론

알코올(alcohol, ROH)은 화합물에 들어 있는 하이드록시기(-OH)에 결합된 탄소원자가 몇 개의 탄소원자(혹은 유기원자단)와 결합하고 있는 지에 따라 1차(primary), 2차(secondary), 3차 알코올(tertiary alcohol)로 분류된다. 1차 알코올은 -OH기에 붙어 있는 탄소에 다른 탄소 1개와 결합된 알코올, 2차 알코올은 다른 탄소 2개, 3차 알코올은 다른 탄소 3개와 결합된 알코올을 말한다. 여기서, R은 알킬기(alkyl group)를 나타낸다.

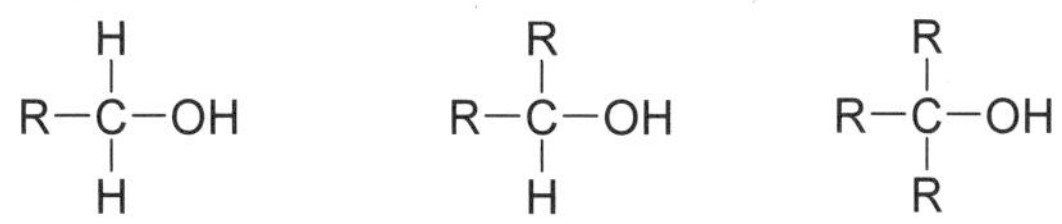

1차 알코올 2차 알코올 3차 알코올

예를 들면, 1차 알코올에는 에탄올(C_2H_5OH), *n*-프로필알코올(*n*-propyl alcohol, $CH_3CH_2CH_2OH$), *n*-뷰틸 알코올(*n*-butyl alcohol, $CH_3CH_2CH_2CH_2OH$) 등, 2차 알코올은 아이소프로필알코올(isopropyl alcohol, $CH_3CH(OH)CH_3$), *sec*-뷰틸알코올($CH_3CH(OH)CH_2CH_3$), 사이클로헥산올($C_6H_{11}OH$) 등, 3차 알코올은 제3뷰틸알코올(*tert*-butyl alcohol, $(CH_3)_3COH$) 등이 해당된다.

Lucas시험은 1차, 2차, 3차 알코올을 구별하는 시험법이다. 각종 알코올에 진한 염산이나 Lucas시약(진한 염산에 염화아연을 녹인 용액)을 작용시켜 염화알킬(chloroalkane, alkyl halide) 화합물의 생성여부로서 구별하게 된다.

알코올을 다음과 같이 친핵성 치환반응(nucleophilic substitution)을 시킨다.

$$R{-}OH + HCl \xrightarrow[\Delta]{ZnCl_2} R{-}Cl + H_2O$$

1차 알코올은 실온에서 Lucas시약과 반응이 잘 일어나지 않고 2차와 3차 알코올은 반응하여 염화알킬(RCl)을 생성한다. 이때 3차 알코올은 2차보다 반응성이 좋다.

2차와 3차 알코올에서 3차 알코올은 Lucas시약과 즉시 반응하여 반응액이 먼저 흐려졌다가 차차 시약에 난용성인 염화알킬이 생성되어 물층과 분리되기 때문에 쉽게 구별할 수 있다. 2차 알코올은 3~5분 이내에 흐려졌다가 차차 층이 생긴다. 또는 진한 염산을 작용시키면 반응성이 큰 3차 알코올은 염화알킬을 생성하지만 2차 알코올은 생성하지 않는다. 1차 알코올은 진한 염산과 상온에서 1시간 이내에는 뚜렷한 반응을 일으키지 않는다.

참고로 알릴알코올(allyl alcohol, $CH_2{=}CHCH_2OH$)과 벤질알코올(benzyl alcohol, $C_6H_5{-}CH_2OH$)은 1차 알코올에 해당되나 이들은 안정한 카보양이온(carbocation)을 생성하므로 Lucas시약과의 반응이 양성을 나타낸다.

3. 실험기구 및 시약

(1) 기구 : 시험관, 비커, 피펫, 메스실린더

(2) 시약 : *n*-뷰틸알코올(*n*-butyl alcohol), *sce*-뷰틸알코올(*sec*-butyl alcohol), *tert*-뷰틸알코올(*tert*-butyl alcohol), 알릴알코올(allyl alcohol), 에탄올(C_2H_5OH), 아이소프로필알코올(isopropyl alcohol), 진한 염산(conc. HCl), 염화아연($ZnCl_2$)

4. 실험방법

① 진한 염산 23mL에 무수 염화아연($ZnCl_2$) 30g을 냉각시키면서 녹여 Lucas시약(Lucas' reagent)을 조제한다.

② 상온(15~25℃)에서 시험하고자 하는 시료(1차, 2차, 3차 알코올)를 1mL씩 취하여 각 시험관에 넣고, Lucas시약 10mL를 신속하게 가하고 마개를 하여 흔든 후 시험관을 세워서 정치시켜 두고 염화알킬(RCl)이 생성되는 시간을 조사한다.

염화알킬 생성 여부는 용액이 흐려지거나 또는 서로 섞이지 않는 층이 생기는 것으로 알 수 있다. 반응액이 즉시 흐려지는 것은 3차 알코올, 3~5분(경우에 따라 20분 내외)

에 흐려지는 것은 2차 알코올로 분류한다. 반응하지 않으면 1차 알코올이다.

③ Lucas 시약 대신에 진한 염산(conc. HCl)을 사용하여 시험을 반복한다.
1차, 2차, 3차 알코올 시료 1mL씩을 취하여 시험관에 넣고 진한 염산 6mL를 가하여 마개를 하고 흔든 후 세워서 정치시켜 둔다.
처음 2분 동안을 잘 관찰하여 반응이 일어나는 시간을 조사한다. 이때 반응액이 흐려지면 3차 알코올이고, 1차 및 2차 알코올은 반응이 일어나지 않는다.

PROBLEMS

1) 2-methyl-2-propanol과 Lucas시약과의 반응식을 적으시오.

2) 벤질알코올(benzyl alcohol)은 1차 알코올이나 루카스시약과 반응하는데, 그 이유를 설명하시오.

3) 페놀(phenol)과 루카스시약이 반응하는지를 밝히시오.

실험 3-2 Iodoform 시험

1. 목적

아세틸기를 가진 아세톤, 아세트알데하이드 등을 요오드폼 시험으로 검출한다.

2. 관련이론

요오드폼반응(iodoform reaction)은 아세틸기(CH_3CO-)를 가진 물질에 요오드(I_2)와 수산화나트륨(NaOH) 수용액을 가하면 요오드폼(iodoform, CHI_3) 침전물이 생기는 반응이다. 요오드폼은 엷은 노란색의 고체로 특유한 냄새(살균 소독제)가 나므로 검출하기가 쉽다. 아세틸기의 구조를 가진 아세톤과 같은 메틸케톤(methyl ketone), 아세트알데하이드(acetaldehyde), 아이소프로필알코올(isopropyl alcohol)과 같은 2차 알코올 등을 검출할 때 이용한다.

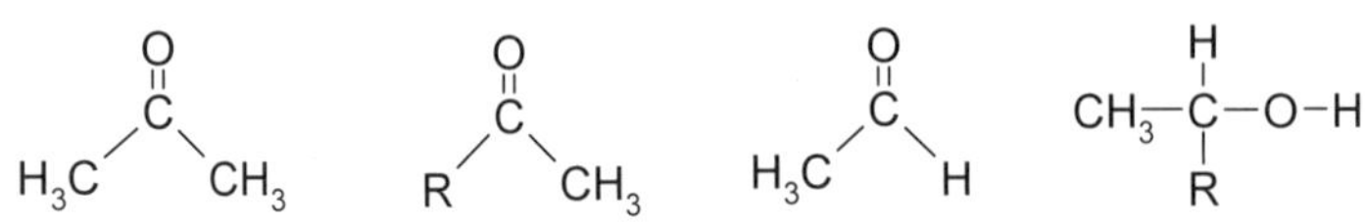

acetone　methyl ketone　acetaldehyde　*sec*-alcohol

R = alkyl, aryl기 혹은 H

메틸케톤(methyl ketone, $RCOCH_3$)이 염기 하에서 요오드와의 반응으로 요오드폼을 생성하는 반응식은 다음과 같다. 여기서 R은 알킬기(R), 아릴기(Ar) 혹은 수소(H)이다.

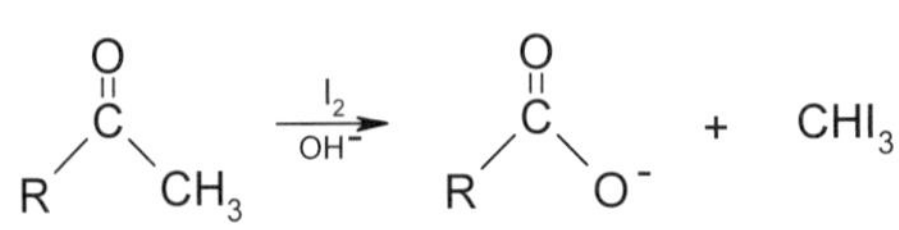

2차 알코올은 우선 메틸케톤으로 산화되고 난 후에 요오드폼을 생성하게 된다. 2차 알코올의 산화반응은 다음과 같다.

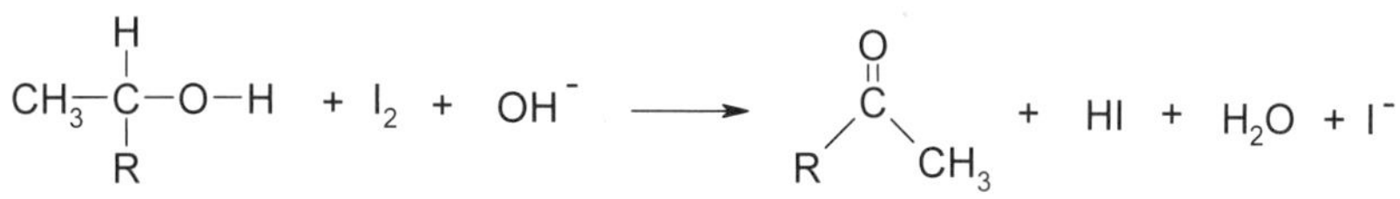

메탄올과 같은 1차 알코올은 위와 같이 케톤으로 산화반응이 일어나지 않으므로 요오드폼 반응이 일어나지 않는다.

3. 실험기구 및 시약

(1) 기구 : 시험관, 비커, 피펫, 메스실린더
(2) 시약 : 메탄올(CH_3OH), 아이소프로필알코올[$CH_3CH(OH)CH_3$], 아세톤(CH_3COCH_3), 아세트알데하이드(CH_3CHO)

4. 실험방법

① KI－I_2 혼합용액제조
요오드화칼륨(KI) 20g을 증류수 80mL에 용해시키고 요오드(I_2) 결정 10g을 녹인다.

② 10～20% NaOH 용액 제조
NaOH 10～20g을 증류수 90～80mL에 녹인다.

③ 시험하고자 하는 시료(메탄올, 아이소프로필알코올, 아세톤, 아세트알데하이드)를 각각의 시험관에 1mL씩 넣고, KI－I_2 혼합용액 4～5mL를 넣어 요오드의 갈색이 없어지고 담황색으로 될 때까지 10～20% NaOH용액을 한 방울씩 주가한다.

④ 반응 생성물을 냉각시키면 요오드폼이 생성된다. 만일 5분 이내에 담황색 유분이 생기지 않으면 이 시험관을 물중탕 중에서 60℃로 2분간 가온한 다음 냉각시킨다.
요오드폼은 6각형의 엷은 황색결정으로서 클로로폼과 같은 특이한 냄새가 난다.

⑤ 생성된 고체를 여과하고 건조시킨다.

⑥ 필요하면 녹는점을 측정한다.

PROBLEMS

1) 할로폼반응(haloform reaction)의 메커니즘에 대하여 설명하시오.

2) 아이소프로필알코올(isoprppyl alcohol)의 요오드폼반응을 적으시오.

3) 아세트산(CH_3COOH)의 요오드폼반응이 가능한지를 밝히시오.

실험 3-3 Tollens 시험
은거울반응(Silver mirror reaction)

1. 목적

알데하이드와 케톤을 판별할 때 이용하는 Tollens 시험을 숙지하고, 알데하이드의 환원성을 이용하여 질산은을 환원시켜 은거울을 만들어 본다.

2. 관련이론

분자 내에 카보닐기(carbonyl group, 〉CO=)를 가지고 있는 카보닐화합물에는 알데하이드(aldehyde)와 케톤(ketone)이 있다.

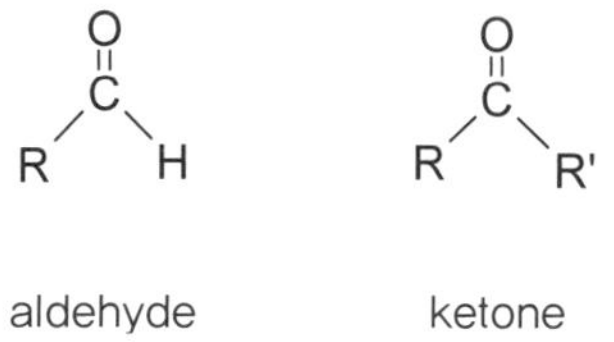

알데하이드와 케톤은 둘 다 카보닐기를 가진 화합물로 유사한 반응을 일으키는 화학종이다. 알데하이드는 케톤보다 더 반응적인데, 알데하이드의 CHO기에 C−H결합이 있어 케톤의 단순한 카보닐기와 분광학적 차이가 있기 때문이다. 2차 알코올은 쉽게 산화되어 케톤을 형성하고 더 이상 산화되지 않는다. 그러나 1차 알코올은 알데하이드를 거쳐 카복실산까지 산화되기 쉽다.

알데하이드는 Cu^{2+}, Ag^{+} 등과 같은 산화제에 의하여 산화되어 카복실산이 되고 알데하이드 자체는 환원제로 작용한다. 알데하이드 화합물의 이러한 환원성을 이용하여 어떤 화합물이 알데하이드기를 가지고 있는지 알아볼 수 있다.

질산은($AgNO_3$) 용액에 암모니아수를 넣어 만든 암모니아성 질산은 용액을 Tollens 시약(Tollens' reagent)이라고 한다. 질산은 용액에 암모니아수를 가하면 처음에는 갈색 앙금이 생성되며 계속하여 암모니아수를 가하면 착이온이 생성되는데 착이온은 물에 잘 녹으므로 투명한 용액(암모니아성 질산은용액)이 된다.

$$2Ag^{+} + 2OH^{-} \rightarrow [2AgOH] \rightarrow Ag_2O\downarrow(\text{갈색}) + H_2O$$
$$Ag_2O + 4NH_3 + H_2O \rightarrow 2[Ag(NH_3)_2]^{+} + 2OH^{-}$$

Tollens시약을 알데하이드와 반응시키면 알데하이드는 산화되어 카복실산이 되고 자신은 환원되어 Ag가 생성되는 반응을 톨렌스반응(Tollens' reaction)이라 한다.

$$RCHO + 2Ag(NH_3)_2{}^{+}OH^{-} \rightarrow RCOOH + 2Ag + 4NH_3 + H_2O$$

이때 석출되는 은(Ag) 금속은 실험용기(유리병) 내부 표면에 달라붙어 은거울을 만든다[은거울반응(silver mirror reaction)]. 보온병과 거울의 제조는 이 반응에 기초를 두고 있다.

이와 같이 대부분의 알데하이드는 Tollens시약과 반응하여 알데하이드가 카복실산으로 산화된다. 그러나 케톤은 이 경우에 산화되지 않는다. 물에 불용인 화합물은 아세톤이나 bis-(2-ethoxyethyl) ether에 녹여 시험한다.

3. 실험기구 및 시약

(1) 기구 : 비커, 비험관(혹은 바이알병), 피펫, 스포이드, 물중탕, 메스실린더, 둥근바닥 플라스크

(2) 시약 : 질산은($AgNO_3$), 암모니아수(NH_4OH), 수산화나트륨(NaOH), 포르말린(formalin, HCHO), 아세트알데하이드(CH_3CHO), 포도당(glucose, $C_6H_{12}O_6$), 아세톤(CH_3COCH_3)

4. 실험방법

(1) Tollens 시험

① Tollens시약 제조

깨끗한 시험관에 10% $AgNO_3$ 용액 10mL를 넣고 10% NaOH용액 10mL를 섞는다. 이때 흑갈색의 산화은(Ag_2O) 침전물이 생긴다. 물 5mL에 암모니아수(NH_4OH) 5mL를 희석한 암모니아 용액을 시험관의 혼합용액에 한 방울씩 떨어뜨리면서 잘 흔들어주어 흑갈색의 산화은(Ag_2O) 침전물이 막 녹을 때까지 가해준다. 이때 반응성이 예민한 시약을 만들려

면 과량의 NH_4OH를 주가하지 않도록 해야 한다.

이 Tollens시약은 저장해두면 용액이 분해될 수도 있고 폭발성 침전물인 질화은(Ag_3N)이 만들어질 수 있으므로 실험 전에 바로 제조하여 사용하여야 한다.

② 세척액으로 깨끗이 씻은 시험관에 위에서 만든 Tollens시약 5~6mL를 넣고, 미지시료(formalin 혹은 아세트알데하이드, 아세톤, 포도당)를 3~4방울을 가한 후에 잘 흔들어 준다.

③ 시험관 내벽에 은거울 반응이 일어나는지를 관찰한다.

만약 반응이 잘 안되면 35~40℃에서 몇 분간 가온하면 반응이 잘 일어난다. 처음에는 검은색 침전물이 약간씩 생긴 다음 조금씩 거울이 형성된다. 일단 거울이 생기기 시작할 때는 데워주면 거울이 벗겨진다.

④ 이때 은거울이 만들어지면 시료가 알데하이드임을 나타낸다. 그러나 케톤화합물은 은거울이 만들어지지 않는다.

참고

실험이 끝난 후 은거울은 질산을 넣으면 Ag가 녹아서 지워진다.
이때 조심하여 다룬다.
은(Ag)용액에 염산을 가하면 은폐수가 AgCl로 침전된다.

(주의) 여분의 Tollens시약은 즉시 6M 질산용액으로 처리하여 폐기한다.

(2) 은거울 만들기

① 0.1M 질산은($AgNO_3$) 용액 150mL에 25~28% 암모니아 용액(NH_4OH) 약 2mL를 서서히 가한다. 이때 침전물(Ag_2O)이 생겨난다.

② 추가로 암모니아 용액 4~5mL를 취하여 서서히 혼합용액에 가한다.

용액을 잘 흔들어 주면 침전물이 녹는다. 이 혼합시약은 암모니아성 질산은 용액으로 톨렌스시약(Tollens' reagent)이라 한다.

③ 만든 혼합시약(Tollens 시약)을 둥근바닥플라스크(혹은 시험관)에 넣는다.

④ 포도당(glucose) 4g을 물 10mL에 녹인 용액을 플라스크(혹은 시험관)에 넣는다.

⑤ 둥근바닥플라스크(혹은 시험관)를 70℃ 물중탕에 넣어 가열한다.

⑥ 약 4~5분 후에 은(Ag)이 석출되기 시작하면 플라스크를 냉각시킨다.

⑦ 플라스크 바닥에 은이 코팅되어 은거울이 만들어진다.

고찰

i) 질산은 용액과 암모니아수의 반응

질산은 용액에 암모니아수를 가하면 처음에는 갈색 침전물이 생성되는데, 추가로 암모니아수를 가하면 물에 잘 녹는 이온(착이온)이 만들어지므로 투명한 용액이 된다.

(주의) 암모니아성 질산은 용액(톨렌스 시약)을 공기 중에 방치하면 폭발성 물질이 생길 수 있으므로 미리 만들어 보관해서는 안 되며 실험하기 직전에 만들어 사용해야 한다.

ii) 포도당의 환원성

포도당의 구조(수용액에서 사슬 모양과 두 가지의 고리 모양으로 존재하는데 사슬 모양의 구조)에 -CHO의 작용기가 있어 용액 속에 녹아 있는 은이온(Ag^+)을 금속 은으로 환원시켜 유리벽에 은이 붙게 되어 거울이 된다.

포도당은 은이온의 산화제에 의해 산화되어 카복실산이 되고, 포도당 자체는 환원제로 작용하므로 환원성을 가지고 있다.

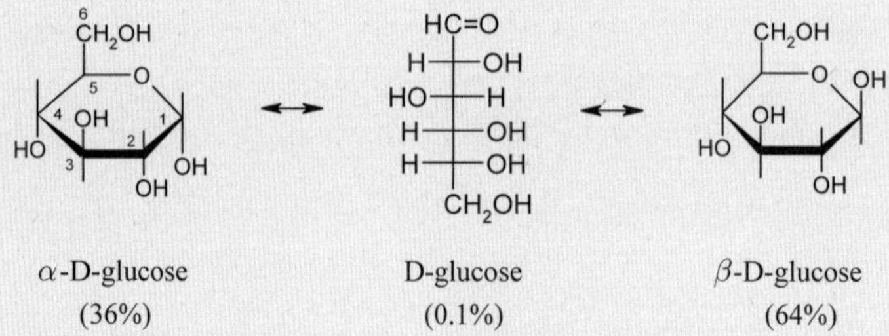

포도당의 구조

D-글루코오스의 α형, β형은 수용액 중에서 사슬형 구조를 거쳐 상호전환되어 평형을 이루지만 사슬구조는 0.1% 정도의 소량만 존재한다.

PROBLEMS

1) 알데하이드와 케톤의 산화반응에 대하여 설명하시오.

2) 2차 알코올(secondary alcohol)의 산화반응을 설명하시오.

3) 폼알데하이드에 의해서 만들어진 은거울과 아세트알데하이드에 의해서 만들어진 거울과는 약간 차이를 보인다. 그 이유는 무엇 때문인가?

4) 아세트알데하이드(CH_3CHO)가 산화되고 은이온(Ag^+)이 환원되어 은이 석출되는 톨렌스 반응식을 적으시오.

실험 3-4 Fehling 시험

1. 목적

알데하이드기를 가진 물질에 펠링용액을 가하여 가열하면 짙은 푸른색의 용액에서 산화구리의 붉은색 침전이 생긴다. 즉, 알데하이드와 케톤의 검출 및 환원성이 있는 당류(포도당, 과당)의 검출과 정량에 사용되는 펠링 시험(Fehling's test)을 익힌다.

2. 관련이론

알데하이드는 강염기 존재 하에서 Cu^{2+}에 의해서 산화되어 카복실산이 되나 케톤은 산화반응이 일어나지 않는다. 펠링용액(Fehling solution)은 구리(II)이온이 타타르산 착염 형태를 이루고 있는 청남색의 용액이다. 청남색의 펠링용액은 환원성 물질과 반응하면 붉은색 침전을 형성한다. 따라서 펠링용액은 수용성의 알데하이드와 케톤을 검출하는 시약으로 사용된다.

그 외에 펠링용액은 포도당(glucose), 과당(fructose) 등의 단당류와 양성반응을 한다. 1849년 독일의 화학자 H. Fehling은 소변에서 포도당을 검출함으로써 당뇨병을 알아냈다. 설탕(sucrose)은 펠링용액에 음성반응이다.

펠링용액은 만든 후 방치하면 분해되어 환원성 물질을 생성하므로 미리 다음의 2가지 용액을 따로 조제해 두었다가 사용직전에 같은 양을 혼합하여 조제한다.

- A용액 : 황산구리5수화물($CuSO_4 \cdot 5H_2O$) 34.64g을 물에 녹여 500mL를 만든다.
- B용액 : 타타르산칼륨나트륨($NaKC_4H_4O_6$, potassium sodium tartrate, Rochelle salt) 173 g, 수산화나트륨(NaOH) 60g을 물에 녹여 500mL로 만든다.

위 두 액을 같은 양을 혼합한 청남색의 펠링용액에 알데하이드기(-CHO)를 가진 화합물을 가하여 가열하면 타타르산 착염의 형태로 존재하는 구리(II)이온이 환원되어 붉은색 불용성 산화구리(I)(Cu_2O)로 된다. 산화구리(I)의 붉은색 침전이 생기므로 청남색의 처음 액은 적갈색이 된다.

이 반응은 지방족 알데하이드나 대부분의 당류에는 양성반응이나 방향족 알데하이드, 케톤, 환원성이 없는 수크로스(sucrose)는 위 펠링반응을 하지 않는다(음성반응). 펠링시험은 지방족 알데하이드 검출에만 국한되나 Tollens 시험은 지방족 알데하이드와 방향족 알데하이드를 모두 검출할 수 있다.

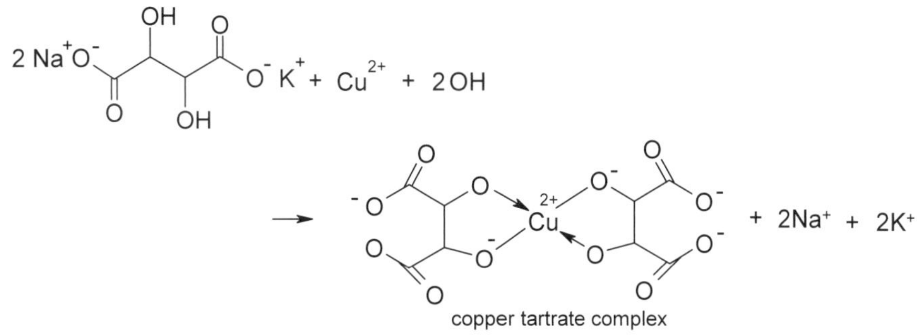

$$RCHO + 2Cu^{2+} + NaOH + H_2O \rightarrow RCOONa + Cu_2O\downarrow + 4H^+$$

펠링시약은 오줌 속에 있는 우르산염(urate)과도 반응할 만큼 예민하기 때문에 오줌에 포함되어 있는 포도당을 검출하는 데에는 부적당하다. 또 과량의 암모니아나 암모늄도 이 시험을 방해하는 요인이 된다. 따라서 요즘에는 환원성 탄수화물을 확인하는 방법으로는 펠링반응 대신에 베네딕트 시험(Benedict's test)을 주로 이용한다.

3. 실험기구 및 시약

(1) 기구 : 비커, 피펫, 물중탕, 메스실린더

(2) 시약 : 황산구리5수화물($CuSO_4 \cdot 5H_2O$), 수산화나트륨(NaOH), 타타르산칼륨나트륨($NaKC_4H_4O_6$), 포르말린(formalin), 아세트알데하이드(CH_3CHO), 아세톤(CH_3COCH_3), 포도당(glucose), 설탕(sucrose)

4. 실험방법

① 펠링용액 조제

- A용액 : 황산구리5수화물($CuSO_4 \cdot 5H_2O$) 6.93g을 물에 녹여 100mL를 만든다.
- B용액 : 타르타르산칼륨나트륨($NaKC_4H_4O_6$, potassium sodium tartrate, Rochelle salt) 34.6g, 수산화나트륨(NaOH) 12g을 물에 녹여 100mL로 만든다.

펠링용액은 만든 후 방치하면 분해되어 환원성 물질을 생성하므로 미리 위 2가지 A, B용액을 따로 조제해 두었다가 사용직전에 같은 양을 혼합하여 조제한다.

② 깨끗이 세척한 시험관에 펠링용액 3~4mL를 넣고 formalin(혹은 acetaldehyde, acetone, 포도당 용액, 설탕용액)을 3~4방울 주가한 후 수욕상에서 약 5분간 가온한다.

③ 이때 적갈색의 침전이 생기는지 관찰한다.
포르말린(formalin), 아세트알데하이드 등의 알데하이드류와 포도당은 양성반응을 일으켜 적갈색이 된다. 그러나 아세톤과 같은 케톤류와 설탕은 반응을 일으키지 않는다. 즉, 음성반응으로 용액의 색깔변화가 없다.

PROBLEMS

1) 알데하이드(RCHO)의 펠링시약과의 반응식을 적으시오.

2) 펠링용액이 단당류와는 양성반응이지만 설탕과는 음성반응인 이유를 밝히시오.

3) 펠링시약이 뇨당 확인에 부적합한 이유는 무엇인가?

실험 3-5 Benedict 시험

1. 목적

당류(포도당, 과당 등)의 검출을 베네딕트 시험법으로 알아낸다.

2. 관련이론

알데하이드와 케톤의 검출시약으로 사용되는 것에는 펠링용액 외에 베네딕트 용액(Benedict's solution)이 있다. 단당류와 알데하이드기를 가진 이당류는 Cu^{2+}와 같은 환원제에 의해 쉽게 산화된다. 반면에 당류는 다른 물질을 환원시키게 된다. 베네딕트시약에 함유된 황산구리는 알칼리와 반응하여 푸른색의 수산화구리[$Cu(OH)_2$]로 되고 이것은 환원당에 의해 환원되어 적갈색의 산화구리(Cu_2O)가 된다.

$$CuSO_4 + 2NaOH \rightarrow Cu(OH)_2 + Na_2SO_4$$

청록색

$$2Cu(OH)_2 \rightarrow Cu_2O + 2H_2O + [O]$$

적갈색

보통 환원성이 있는 포도당, 과당, 젖당과 같은 당을 환원당(還元糖)이라 하고 환원성이 없는 설탕과 같은 당을 비환원당(非還元糖)이라 한다.

3. 실험기구 및 시약

1) 기구 : 비커, 시험관, 물중탕, 메스실린더, 피펫
2) 시약 : 시트르산나트륨($Na_3C_6H_5O_7$), 무수 탄산나트륨(Na_2CO_3), 황산구리5수화물($CuSO_4 \cdot 5H_2O$), 포도당(glucose), 과당(fructose), 설탕(sucrose)

4. 실험방법

① 베네딕트 용액 제조

- A용액 : 시트르산나트륨(sodium citrate, $Na_3C_6H_5O_7$) 20g과 무수 탄산나트륨(Na_2CO_3) 11.5g을 뜨거운 증류수 100mL에 용해시킨다.
- B용액 : 황산구리5수화물($CuSO_4 \cdot 5H_2O$) 2g을 증류수 20mL에 용해시킨다.
- A용액에 B용액을 서서히 혼합한다. 이 혼합용액은 투명하다. 만일 그렇지 않으면 여과지로 여과하여 사용한다. 베네딕트 용액은 방치하여도 품질이 저하되지 않는다.

② 시험관(혹은 플라스크)에 시료(glucose, fructose, sucrose) 용액 각 50mL씩을 넣고 물중탕에서 약 60℃로 가열한다.

③ 베네딕트 용액 4mL를 저으면서 서서히 넣는다.

④ 약 5분 후 용액을 식히면서 색과 침전을 관찰한다.

참고

위 실험에서 2개의 시험관에는 적갈색의 침전물이 발생하고 하나는 색깔변화가 없는 것을 관찰할 수 있다. 여러분들도 이러한 결과를 얻었는가?
포도당(glucose)과 과당(fructose)은 적갈색 침전물(brick red precipitate)이 생성된다. 이때 과당이 포도당보다 반응성이 더 좋다. 설탕(sucrose)은 음성반응으로 청록색의 용액을 그대로 유지한다.

PROBLEMS

1) 포도당의 베네딕트시약과의 반응식을 적으시오.

2) 실험에서 각 시약의 색깔과 반응용액의 색깔을 비교하시오.

3) 펠링시약과 베네딕트시약과의 차이점에 대하여 논하시오.

4) 설탕이 베네딕트시약과 반응하지 않는 이유를 설명하시오.

실험 3-6 Hinsberg 시험

1. 목적

1차, 2차, 3차 아민을 염화벤젠설폰산(benzenesulfonyl chloride)과 반응시켜 sulfonamide를 만들고, 이들에 염기를 각각 작용시켜 1차, 2차 또는 3차 아민을 구별한다.

2. 관련이론

아민(amine)은 질소원자에 하나 이상의 알킬기(alkyl group)나 아릴기(aryl group)가 결합된 암모니아의 유도체이다. 아민은 질소원자에 결합된 알킬기나 아릴기가 1개, 2개, 3개에 따라 1차(primary, 1°), 2차(secondary, 2°), 3차(tertiary, 3°) 아민으로 분류한다. 원자단 R은 알킬기 혹은 아릴기를 나타낸다.

ammonia (암모니아) | primary amine (1차 아민) | secondary amine (2차 아민) | tertiary amine (3차 아민)

예를 들면, 메틸아민(methyl amine, CH_3NH_2), 아닐린(aniline) 등은 1차 아민, 다이메틸아민[dimethyl amine, $(CH_3)_2NH$], *N*-methylaniline 등은 2차 아민, 트라이메틸아민[trimethyl amine, $(CH_3)_3N$], *N,N*-dimethylaniline 등은 3차 아민에 해당된다.

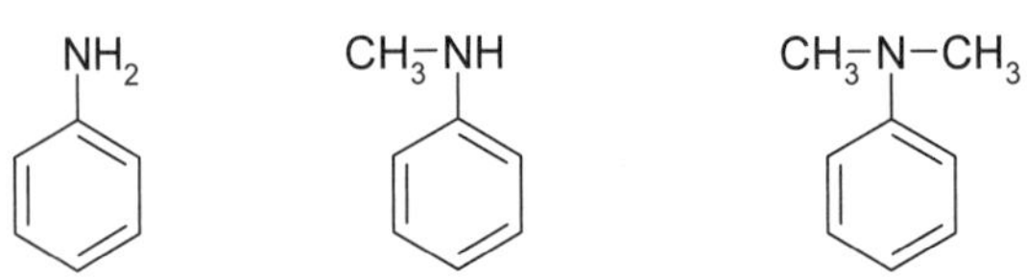

aniline | *N*–methylaniline | *N,N*–dimethylaniline

아민은 그 용해도와 염기도에 의해 쉽게 확인할 수 있다. 어떤 화합물이 아민으로 확인된 후 그 화합물이 1차, 2차 또는 3차 아민인지를 구별하는 것은 보통 Hinsberg시험이나 Nitrous acid시험으로 확인할 수 있다. Hinsberg시험은 1차, 2차 아민을 benzenesulfonyl chloride와 반응시키면 아미노기의 수소가 일치환과 이치환된 sulfonamide가 생성되고, 이들에 염기(NaOH나 KOH)를 각각 작용시키면 일치환 sulfonamide는 수용액 중에 녹는데 반해 이치환 sulfonamide는 녹지 않는 것으로 1차, 2차 아민을 구별하는 것이다. 이치환 sulfonamide에는 질소원자에 산성 수소(acidic hydrogen)가 없기 때문에 가용성 염을 만들 수 없어 염기에 녹지 않는다. 이때 가용성 염에 HCl과 같은 산을 작용시키면 다시 일치환 sulfonamide의 불용성 침전물이 생겨난다. 3차 아민은 염화벤젠설포닐과 작용시키면 반응하지 않는다.

1° amine

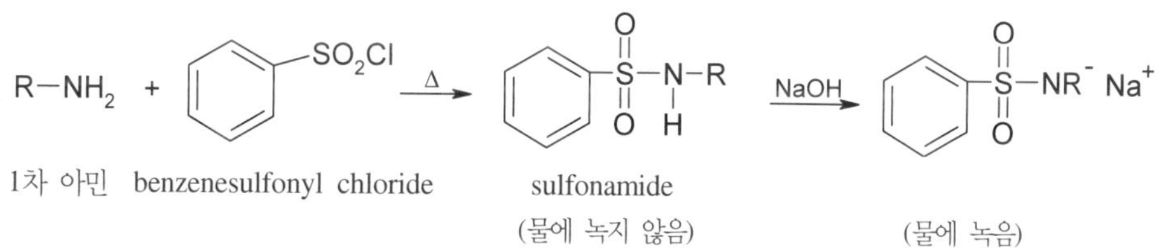

2° amine

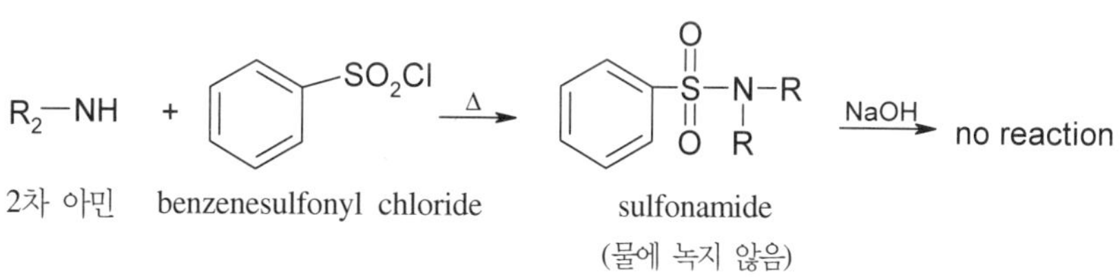

3° amine

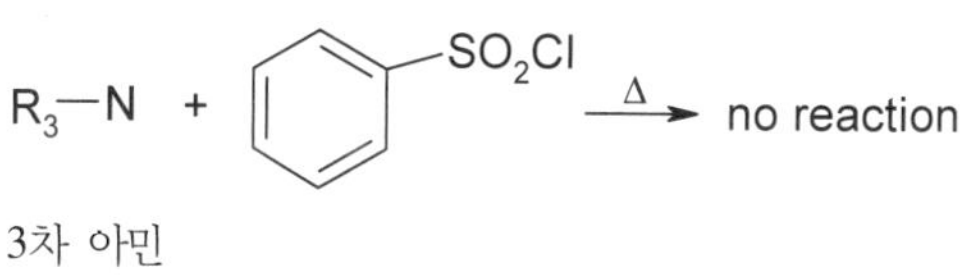

혹은

1° amine

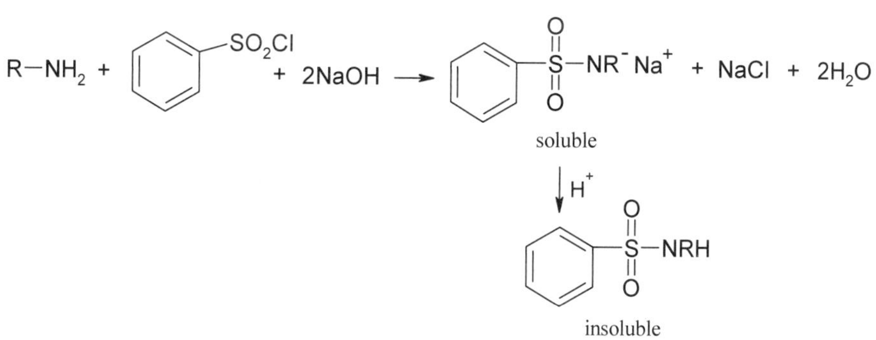

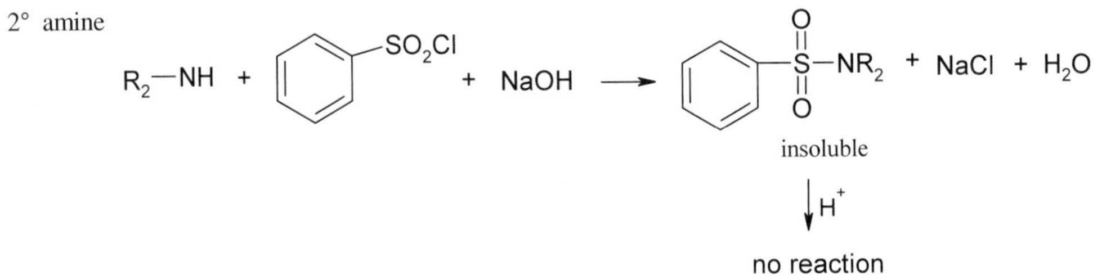

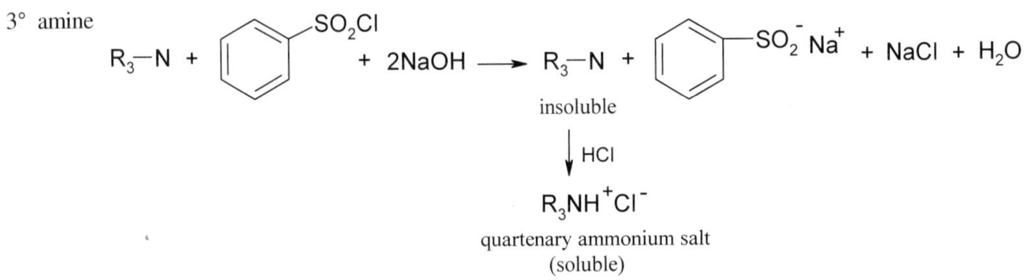

아민에 benzenesulfonyl chloride와 반응시킨 후 NaOH를 넣어주었을 때의 반응과정을 요약하면 다음과 같다.

1° 아민 + benzenesulfonyl chloride $\xrightarrow{\text{NaOH}}$ 용액 $\xrightarrow{\text{HCl}}$ 침전생성

2° 아민 + benzenesulfonyl chloride $\xrightarrow{\text{NaOH}}$ 침전생성

3° 아민 + benzenesulfonyl chloride $\xrightarrow{\text{NaOH}}$ 반응이 일어나지 않음 $\xrightarrow{\text{HCl}}$ 맑은 용액

3. 실험기구 및 시약

(1) 기구 : 비커, 시험관, 피펫, 물중탕

(2) 시약 : benzensulfonyl chloride($C_6H_5SO_2Cl$), 염화나트륨(NaOH), 아닐린($C_6H_5NH_2$), *N*-methylaniline[$C_6H_5NH(CH_3)$], *N,N*-dimethylaniline[$C_6H_5N(CH_3)_2$], 염산(HCl)

4. 실험방법

① Aniline, *N*-methylaniline, *N,N*-dimethylaniline(혹은 미지의 아민시료) 각 0.3mL(액체) 혹은 0.3g(고체)을 시험관에 넣고 10% NaOH 수용액 5mL와 benzensulfonyl chloride 0.4mL를 가한다.

② 시험관을 마개로 막고 3~5분간 세게 흔들어 준다.

③ 마개를 뺀 후 시험관을 물중탕에서 1분 정도 흔들어 주면서 가온한다.

④ 용액을 식힌 후 pH종이에 한 방울 떨어뜨려 염기성인지를 확인한다. 염기성이 아니면 NaOH 수용액을 더 가한다.

⑤ 침전이 생기면 물을 5mL 가하여 희석시킨 후 잘 흔들어 준다. 만약 침전이 녹지 않으면 이 시료는 이치환된 sulfonamide가 있다는 것을 나타내고 미지물질은 이차 아민임을 알 수 있다.

⑥ 만약 물로 희석한 후 침전이 사라졌거나 또는 처음부터 침전이 생성되지 않았다면 10% HCl수용액을 약산성(pH 4 이하)이 될 정도로 가해준다. 이 때 침전이 생성되면 이것은 일치환 sulfonamide이며 시료가 일차 아민임을 뜻한다.

⑦ 위의 실험과정에서 아무 변화가 없다면 3차 아민인 경우이다.

PROBLEMS

1) 1차, 2차, 3차 아민의 종류를 각각 3가지씩 열거하고 그 구조식과 이름을 쓰시오.

2) Aniline, *N*-methylaniline, *N,N*-dimethylaniline과 benzenesulfonyl chloride와의 반응식을 적으시오.

3) Hinsberg시험의 반응 중에 생성되는 염(salt)에 대하여 물에 녹는지 여부를 판별하시오.

실험 3-7 Ferrous hydroxide 시험

1. 목적

수산화철(II)을 이용하여 나이트로화합물을 확인한다.

2. 관련이론

나이트로화합물은 수산화철(II) [ferrous hydroxide, $Fe(OH)_2$]로 환원되어 아민화합물이 되는데, 이때 청색의 수산화철(II)은 산화되어 갈색의 수산화철(III) [ferric hydroxide, $Fe(OH)_3$]이 된다. 따라서 나이트로화합물을 수산화철(II)시약과 반응시켰을 때 청색에서 갈색으로 변하는 것으로 나이트로화합물을 검출할 수가 있다.

이 반응은 나이트로화합물로부터 지방족 혹은 방향족 아민을 만드는 법이다. 반응은 다음과 같다.

$$RNO_2 + 6Fe(OH)_2 + 4H_2O \rightarrow RNH_2 + 6Fe(OH)_3$$

3. 실험기구 및 시약

(1) 기구 : 비커, 시험관, 피펫

(2) 시약 : 황산철(II)($FeSO_4$), 수산화칼륨(KOH), 나이트로벤젠($C_6H_5NO_2$), 아닐린($C_6H_5NH_2$), 에틸알코올(C_2H_5OH), 질소(혹은 아르곤) 가스

4. 실험방법

① 약 10mg의 시료(나이트로벤젠, 아닐린, 에틸알코올)가 들어있는 시험관에 산화철(II)(ferrous sulfate, $FeSO_4$) 시약 1mL를 가한다.

② 알코올성 KOH 용액을 0.7mL 가한다.

③ 시험관 바닥에 닿도록 유리관을 밀어 넣어 공기를 제거하기 위해 약 30초 동안 불활성 기체, 즉 질소나 아르곤을 유리관을 통해 통과시킨다.
④ 시험관을 재빨리 막고 흔들어 준다.
⑤ 1분 후에 생기는 침전의 색을 기록한다.
⑥ 적갈색(red-brown)~갈색 침전이 생기면 양성반응이다. 녹색침전이 생기면 음성반응이다.

PROBLEMS

1) 나이트로벤젠을 수산화철로 환원시켜 아닐린을 제조하는 반응식을 쓰시오.

2) 수산화철(II)용액과 수산화철(III)용액의 색깔을 구별하시오.

3) 방향족화합물의 환원에는 환원제의 종류에 따라 여러 가지 화합물이 생성된다. 환원제로 [철+염산]을 이용하는 경우의 화학반응식을 적으시오.

실험 3-8 적외선분광광도계(FT-IR)에 의한 작용기 확인

1. 목적

적외선분광광도계를 이용하여 유기화합물의 작용기를 알아내어 화합물의 구조를 확인한다.

2. 관련이론

무기물이나 유기물 중에 공유결합을 갖는 대부분의 화합물은 적외선(infrared, IR) 영역에서 각기 특정 결합의 진동에너지에 해당하는 특성적인 전자기 복사선만을 흡수한다. 이런 적외선 영역은 4000～650cm^{-1}(2.5～15μm)이다.

분자진동 및 분자회전은 전자기 스펙트럼의 적외선영역의 빛을 흡수함으로써 일어난다. 적외선부는 가시광선부의 장파장 쪽에 인접하여 있다. 적외선은 피부에서 따뜻함을 느끼기 때문에 열선이라고도 부른다. 분자진동이나 분자회전을 측정하는 데는 두 가지의 가능한 방법이 있다. 즉, 직접 빛의 흡수를 적외선 스펙트럼으로 측정하거나 또는 간접적으로 빛의 복사를 Raman 스펙트럼으로 측정한다.

유기화합물의 많은 작용기(functional group)는 적외선스펙트럼(IR spectrum)의 일정한 부위에 나타나는 흡수대에 상응하는 특징적인 진동을 보여준다. 이러한 분자진동은 그 작용기에 국한하며 분자의 다른 부분과는 상관없다. 따라서 이와 같은 작용기는 그들의 흡수대에 의해서 확인될 수 있다. 이상의 사실과 측정방법이 복잡하지 않다는 점 때문에 적외선분광법(infrared spectroscopy)은 임의의 물질이 어떤 특정한 계열의 화합물에 속하는지를 알아내기 위한 가장 간단하고 신속하며 또한 가장 믿을만한 방법이 되고 있다.

IR스펙트럼에서 흡수대의 위치는 흡수광의 파장단위(wavelength) λ μm로 표시할 수 있다. 유기분자의 구조를 확인하는데 특히 유용한 흡수대는 λ= 2.5～15μm(10^{-3}mm=1μm=104 Å) 영역에 놓여 있다. 그러나 근래에는 파장과 역수 관계를 갖는 단위인 소위 주파수(wave number) ν(cm^{-1})를 대신 사용한다. ν수치는 1cm당 적외선이 나타내는 파수를 뜻한다.

어떤 물질의 IR스펙트럼을 찍으려면 액체시료는 시료용기, 즉 NaCl로 된 셀(cell)이나 NaCl 판 사이에 시료를 한 방울 떨어뜨려 찍거나 고체시료는 KBr 펠릿(pellet)으로 만들어 스펙트럼을 얻는다. 그리고 얻어진 IR스펙트럼을 분석하는 것은 전문적인 지식이 필요하다. 즉, 스펙트럼의 어느 특정 주파수 영역에 나타나는 흡수띠가 화합물의 어느 작용기에 해당하는지를 면밀히 검토하고 분석하여 그 화합물의 종류를 알아내게 된다.

그러나 최근에는 고체나 액체의 원료시료의 소량을 그대로 기기의 시료받침대(sample plate)에 올려놓고 바로 스펙트럼을 찍을 수 있도록 편리한 FT-IR기기가 보급되어 있다. 아울러 시료의 스펙트럼을 얻은 후 기기의 스펙트럼 데이터 라이브러리(spectrum data library)에 내장되어 있는 수십만 종의 화합물과 비교분석하여 이 중에서 실험해서 얻은 스펙트럼의 작용기와 가장 일치하는 화합물의 종류를 자동으로 알아내는 기능이 있어 시료가 어떤 화합물인지를 손쉽게 확인할 수 있게 되었다.

3. 실험기구 및 시약

(1) 기구 : 적외선분광광도계(FT-IR)

(2) 시약 : 아스피린(aspirin), 에틸아세테이트($CH_3COOC_2H_5$)

4. 실험방법

① 합성실험에서 얻은 시료(고체 및 액체)를 준비한다.

② FT-IR 분석기를 작동시킨다.

③ FT-IR 분석기기로 IR-spectrum을 얻는다.

④ 스펙트럼의 어느 특정 주파수 영역에 나타난 흡수피크가 시료 화합물의 어느 작용기에 해당하는지를 검토하고 분석한다(부록 X 참조).

문헌에서 해당시료의 IR 스펙트럼을 구하여 시료의 스펙트럼과 비교검토한다.

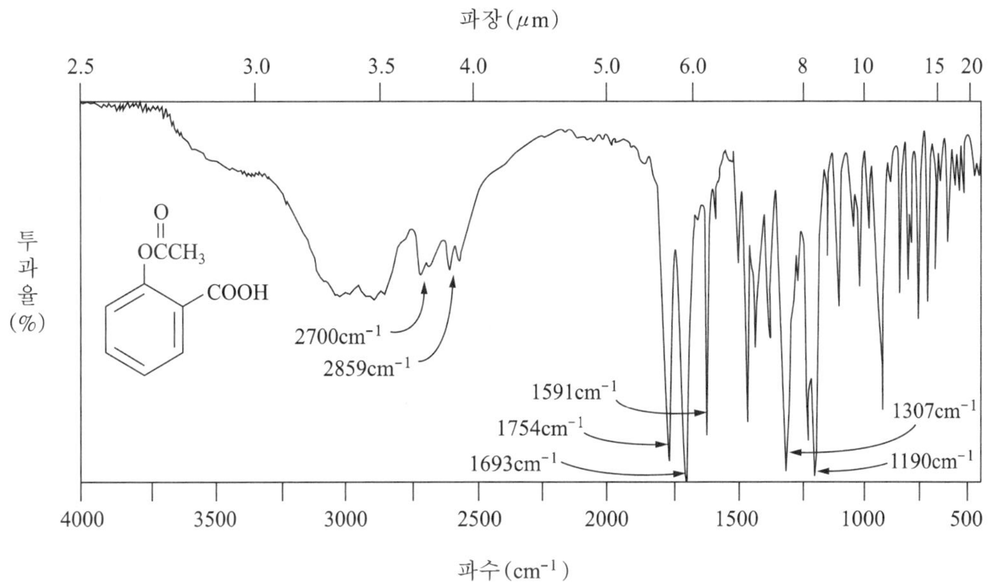

그림 3-1 IR spectrum of acetylsalicylic acid (aspirin)

04 유기화합물 합성실험

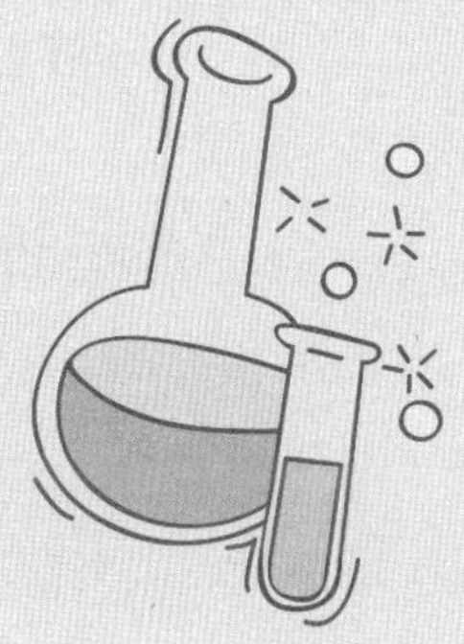

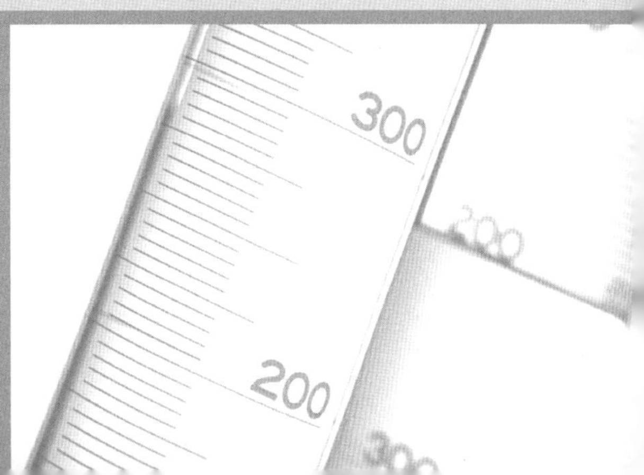

실험노트

실험 No.	학 번	성 명	실험일자	검 인
실험제목				

1) **실험목적**

2) **관련이론**

3) **사용하는 실험기구**

4) **사용하는 화합물의 종류 및 특성**

시약명	구조식 (혹은 분자식)	사용량 (g, mL)	농도% (혹은 순도%)	특 징

(주1) 반응시약, 용매에 사용되는 화합물뿐만 아니라 생성되는 화합물도 함께 적는다.

(주2) 물성(농도, 밀도 등)은 시약병에 있는 수치를 우선으로 하고 없는 경우에는 문헌값을 활용한다.

5) **실험방법**(flowchart)

6) **실험결과 자료**

7) **수득률**(yield) **계산**

8) **검토 및 분석**

9) **참고문헌**

실험 4-1 나이트로벤젠(Nitrobenzene)

1. 목적

나이트로화합물 중에서 가장 기초 화합물인 나이트로벤젠을 제조하는 실험 제법은 혼산(混酸)에 의해서 벤젠을 나이트로화 하여 만드는데 이 반응이 친전자적 치환반응인 것을 확인하고 나이트로화반응에 대한 반응조건을 검토한다.

2. 관련지식

나이트로화합물은 그 자체로 또는 다른 화합물의 원료로서 공업상 중요한 위치를 차지하고 있다. 유기화합물에 나이트로기(-NO_2)를 도입하는 반응을 나이트로화반응(nitration)이라 한다. 일반적으로 지방족화합물은 나이트로화가 어렵지만 방향족화합물은 쉽게 치환반응이 일어나 나이트로화합물을 생성한다. 나이트로화제(nitrating agent)로는 발연질산(fuming HNO_3), 진한 질산(conc. HNO_3), 묽은 질산(aq. HNO_3), 혼산(질산＋황산, 질산＋초산무수물＋초산, 질산＋인산, 질산＋클로로폼), N_2O_5나 N_2O_4가 사용된다. 이 중에서 혼산(mixed acid)이 공업적으로 가장 널리 사용되는 나이트로화제이다. 생성물인 나이트로화물은 폭약, 염료, 용제 등의 제조 및 환원에 의한 아민(amine)의 제조원료로 매우 중요하다.

본 실험은 방향족 화합물의 나이트로화에 대한 가장 기초적인 것으로 벤젠을 혼산으로 나이트로화하는 것이다. 방향족화합물의 나이트로화는 나이트로화제에서 생성되는 나이트릴이온(nitryl ion, NO_2^+)에 의하여 벤젠핵을 공격하여 진행되는 친전자 치환반응(nucleophilic substitution)이다.

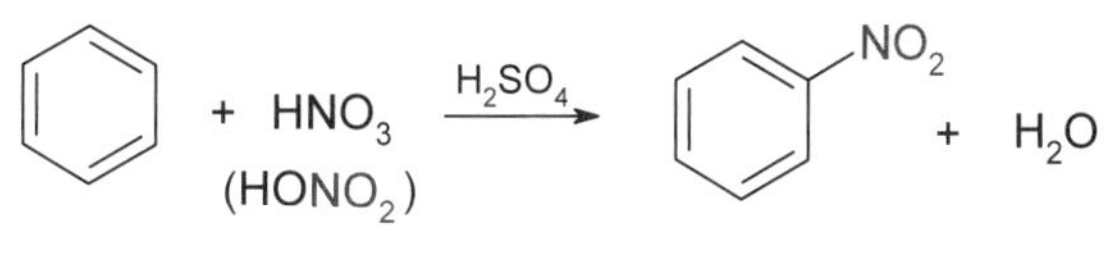

벤젠을 나이트로화(nitration)할 때 질산만으로는 NO_2^+ 이온의 농도가 반응을 진행하기 충분하지 않아 진한 황산을 촉매로 하여 혼산을 사용하게 되는데, 다음의 반응식에서와 같이

나이트로늄이온(NO_2^+)이 생성된다.

$$HNO_3 + 2H_2SO_4 \rightarrow NO_2^+ + H_3O^+ + 2HSO_4^-$$

벤젠에 혼산(진한 HNO_3 + 진한 H_2SO_4)을 작용시키고 50~60℃에서 약 45분간 가온하면 벤젠고리의 수소가 나이트로기(-NO_2)로 치환되어 나이트로벤젠을 생성한다.

나이트로화는 발열반응이므로 본 실험의 처음에는 냉수로 냉각이 필요하다. 차차 반응이 진행됨에 따라 나이트로화제의 농도가 감소하게 되므로 나중에는 다소 가온이 필요하다. 나이트로기는 메타배향기(meta-directing group)이며, 이 기가 벤젠핵에 치환되면 핵의 활성은 현저히 저하하게 되므로 제2의 나이트로기는 도입되기 어렵고, 따라서 *m*-dinitrobenzene은 본 실험에서와 같은 조건하에서는 거의 생성되지 않는 것으로 보아도 무방하다. 수율을 높이기 위해서는 가온 도중에 반응액을 잘 흔들어 주어야 한다.

3. 실험기구 및 시약

(1) 기구 : 500mL 둥근바닥플라스크(3구), 수은 온도계, 냉각기(환류용), 물중탕기(water bath), 비커, 가열기, 적하깔때기(dropping funnel), 분액깔때기(separatory funnel), 삼각플라스크(Erlenmeyer flask), 공기 냉각기, 메스실린더, 피펫, 전자저울

(2) 시약 : 진한 질산(conc. HNO_3), 진한 황산(conc. H_2SO_4), 벤젠(C_6H_6), 탄산나트륨(Na_2CO_3), 염화칼슘($CaCl_2$)

4. 실험방법

① 500mL 둥근바닥 3구 플라스크에 진한 질산 35mL(49g)를 담고 플라스크를 흔들면서 천천히 진한 황산 40mL(72g)를 가한다. 이 때 발열반응이므로 플라스크를 물속에서 냉각(50℃ 정도)시키면서 혼합한다.

② 벤젠 29mL(25g)를 적하깔때기를 통하여 혼합물을 잘 저어 주면서 소량씩 가한다. 이 때 온도가 60℃ 이상 올라가지 않도록 필요에 따라서 냉수 중에서 냉각시킨다.

③ 혼산을 모두 가한 후에는 환류냉각기(reflux condenser)를 달고 물중탕(water bath) 속 60℃에서 30~50분간 잘 저어 주면서 가열하여 반응을 완결시킨다.

④ 반응이 끝난 후 반응혼합물을 냉수 약 300mL를 넣은 비커에 서서히 붓고 혼합물을 잘 저은 후 식히면 나이트로벤젠은 기름상으로 밑에 가라앉는다.

⑤ 혼합액의 물층(상부)을 조심하여 기울임(decantation)으로써 제거한다. 이 때 나이트로벤젠층이 조금이라도 따라지지 않도록 조심한다.

⑥ 나머지 나이트로벤젠액을 분액깔때기에 옮긴 후 같은 부피의 냉수로 잘 흔들어 생성물을 세척하고, 나이트로벤젠을 물에서 분리한다.

⑦ 분리한 나이트로벤젠을 다시 분액깔때기에 넣고 5～10%의 Na_2CO_3수용액을 조금 가하여 잔류하는 유리산분을 중화한다.
(${CO_2}$가스가 발생하지 않을 때까지 Na_2CO_3수용액을 가한다. 이 때 ${CO_2}$가스가 발생하므로 분액깔때기를 거꾸로 하여 코크를 열어 주면서 내압을 없앤다)

⑧ Na_2CO_3수용액 부분을 반응생성물로부터 제거한 후 나이트로벤젠을 작은 삼각플라스크에 넣고, 무수 염화칼슘($CaCl_2$) 소량(약 2～3g)을 넣고 30～40분간 (마개를 막고) 정치하여 두면 나이트로벤젠은 건조되어 투명한 액이 된다.

⑨ 이것을 공기냉각관을 단 증류 플라스크에 넣고 증류한다. 증류초기에 발생하는 미반응의 벤젠과 물은 버리고, b.p. 207～211℃ 사이에서 유출되는 유액을 따로 모아 질량을 잰다.

참고 실험 시 주의사항

나이트로벤젠의 증기 및 액체는 유독하므로 증기가 새어 나오지 않도록 실험기구를 잘 조립하고, 특히 증기를 흡입하지 않도록 주의한다. 또한 액체는 피부에 묻었을 시에는 소량의 에탄올로 씻은 다음 비누와 물로 씻어낸다.

참고 나이트로벤젠의 성질 및 용도

담황색의 액체로 휘발성 아몬드기름 냄새가 난다.
물에 녹지 않으나 유기용매에는 녹는다.
증기 및 액체는 유독하다(인체발암예상물질로 분류).

- b.p. = 210℃
- 비중 = 1.20
- 분자량 = 123
- 용도 : 합성원료(의약품, 화공약품 등), aniline 제조에 사용

PROBLEMS

1) 나이트로화(nitration)반응에 대하여 간략히 설명하시오.

2) 벤젠고리에 이미 다른 원자단이 도입되어 있을 때 새로운 치환체가 들어가는 위치는 배향성(orientation)에 따른다. 오쏘(ortho-), 메타(meta-), 파라(para-) 배향에 대하여 설명하시오.

3) 벤젠대신에 톨루엔(toluene)을 나이트로화하면 무엇이 합성되겠는가? 반응식을 쓰시오.

4) 증류플라스크의 잔유물로 210℃ 이상에서 끓는 물질은 무엇이겠는가? 그 이름을 쓰고 구조식을 그리시오.

5) 왜 반응온도를 50～60℃에서 유지하는가?

6) 반응생성물의 수율(yield)을 계산하시오.

7) 최종 생성물의 IR spectrum을 구하여 문헌상의 nitrobenzene spectrum과 비교 분석하고 최종생성물이 나이트로벤젠인지를 결정하시오. 또한 나이트로화합물의 특징인 N=O의 신축진동 흡수가 나타난 위치를 찾아내시오.

실험 4-2 아닐린(Aniline)

1. 목적

나이트로벤젠을 원료로 하여 (Fe+진한 염산)의 환원제에 의해 나이트로기(-NO_2)를 아민기(-NH_2)로 환원시켜 염료의 중간체인 아닐린을 만드는 아미노화반응(amination)에 대하여 실험을 통하여 이해한다.

2. 관련지식

유기화합물에 아미노기(-NH_2)를 도입하여 아민(amine)을 만드는 반응을 아미노화반응(amination)이라 한다. 공업적으로 1차 아민의 제조법이 중요하며 원료는 나이트로화합물이 주로 이용된다. 아미노화반응은 환원에 의한 방법과 가암모니아분해(ammonolysis)가 주로 사용된다.

아미노화반응은 유기단위반응 중 환원의 한 예이며, 환원제로서는 금속(철, 주석, 아연)과 산(진한 질산, 황산, 초산 등), 알칼리와 금속(Zn, Fe) 및 ZnS, Na_2SO_4, 금속수소화물(metal hydride, $LiAlH_4$, $NaAlH_4$ 등), 촉매(Ni, Pd, Pt 등) 존재 하의 수소 등이 사용된다. 환원제와 환원조건의 선택에 따라 생성물이 다르다.

본 실험은 나이트로벤젠(nitrobenzene)을 철(Fe) 혹은 주석(Sn)과 진한 질산으로 환원시켜 아닐린(aniline)을 합성한다. 그러나 적당한 환원제를 사용하고 환원조건을 잘 조절하면 여러 가지 환원 중간생성물, 즉 나이트로소벤젠(nitrosobenzene, C_6H_5-NO), 페닐하이드록시아민(phenylhydroxylamine, C_6H_5-NHOH), 아조벤젠(azobenzene, C_6H_5-N=N-C_6H_5), 하이드라조벤젠(hydrazobenzene, C_6H_5-NH-NH-C_6H_5) 등이 생성될 수 있다. 위에서 기술한 여러 가지 환원제 중에서 Fe분말+진한 질산이 공업적으로 가장 많이 이용되는 강력한 환원제 중의 하나이다. 본 실험에서 Fe분말 대신에 동량의 Sn을 사용하여 똑같은 실험을 행하여도 무방하다.

이 실험의 아미노화 반응식은 다음과 같다.

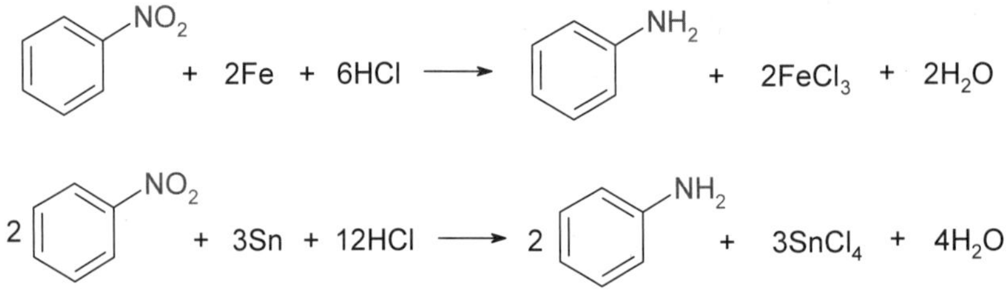

실험에서 진한 질산(전량 100mL)을 가할 때는 몇 번으로 나누어 주의해서 가한다. 환원이 끝나면 진한 NaOH용액을 가하여 아닐린을 유리시키고, 이 유리된 아닐린을 수증기 증류하여 반응 혼합물에서 분리한다. 최종 분리방법은 에테르 추출과 증류인데 에테르를 유출시키는 조작에서는 인화에 특히 주의를 요한다.

3. 실험기구 및 시약

(1) 기구 : 500mL 둥근바닥 플라스크, 냉각기(환류용), 물중탕기(water bath), 비커, 수증기 증류장치, 리트머스 시험지, 가열기, 분액깔때기(separatory funnel), 삼각플라스크(Erlenmeyer flask), 리비히 냉각기(Liebig condenser), 수은온도계, 적하깔대기(dropping funnel), 공기냉각기(air cooling condenser), 피펫, 메스실린더, 전자저울

(2) 시약 : 나이트로벤젠(C_6H_5-NO_2), 철(Fe) 분말 혹은 주석(Sn) 입상, 진한 염산(conc. HCl), 수산화나트륨(NaOH), 염화나트륨(NaCl), 에틸에테르($C_2H_5OC_2H_5$)

4. 실험방법

① 둥근바닥 3구 플라스크에 나이트로벤젠(nitrobenzene) 21mL(25g)와 철분말 50g(혹은 입상 Sn 50g)을 넣고 흔든 후 적하깔대기를 통하여 진한 염산(비중 1.19, 37%) 100mL를 소량(10mL)씩 분취하여 가해준다.
(이때에 발열반응으로 인하여 온도가 급격하게 상승하여 끓게 되면 플라스크를 냉수에 담가 반응물이 조용히 끓도록 조절한다. 너무 식히면 반응이 안 일어날 수도 있으므로 온도를 50~70℃로 조절한다)

② 염산을 모두 가한 후 물중탕 중에서 80~90℃로 약 30분~1시간 동안 잘 저어주면서 가열한다. 이 때 환원반응이 완결되고 나이트로벤젠의 냄새가 없어진다.

(주) 반응액의 소량을 시험관에 취하여 묽은 염산 중에 반응물을 한 두 방울 떨어뜨렸을 때 투명하게 용해되면 반응이 완결된 것이다.

③ 반응생성물을 냉각한 후 증류수 100mL에 NaOH 75g을 용해한 용액을 서서히 가하여 용액을 강알칼리성으로 만든다. 액성은 리트머스시험지(litmus paper)로 시험한다.

④ 이 알칼리성의 반응생성물을 수증기증류(steam distillation) 한다.
수증기증류 시 수증기를 계속하여 통하고 냉각기를 수냉식으로 냉각하면서 반응물이 들어 있는 플라스크를 가열기로 약하게 가열해주는 것이 효율적이다.
이 때 아닐린은 물과 함께 유출되어 나와 혼합물 중에 유탁되든가 혹은 밑바닥에 유상으로 모이게 된다.
(유출되는 아닐린 용액이 황색~갈색이면 환원이 덜 되었다는 증거로 증류조작을 중지하고 HCl과 Fe분말을 추가하고 환원을 완결시킨다. 유출되는 증류유출액이 혼탁되지 않은 경우에도 증류를 3~5분간 더 해야 한다)

⑤ 유출물을 분액깔때기(separatory funnel)에 옮겨 정치한다.
이때 물에 대한 용해도가 작은 대부분의 유상의 아닐린이 수층과 분리된다. 그러나 수층에도 아닐린이 혼재되어 있으므로 유출액 중의 아닐린의 용해도를 감소시키기 위하여 염석(鹽析)하여 분리해야 한다.

⑥ 염석방법 : 유출액 100mL에 대하여 NaCl 25g 정도를 용해하여 염석시킨다.

⑦ 염석된 유출액에 에테르 약 40mL을 가하고 마개를 닫고 흔들어서 아닐린을 추출한 후 정치하여 상층의 에테르용액을 하층의 수용액과 분리하여 에테르액을 200mL 삼각플라스크에 옮긴다.

⑧ 분리된 수용액층을 다시 에테르 약 30mL로 연속 추출하여 에테르층을 물층과 분리하고 에테르층을 200mL 삼각플라스크에 추가한다.

⑨ 추출한 에테르용액에 건조목적으로 NaOH 분말을 소량 가하고 약간 흔든 후 마개로 막아 하루 밤 방치하면 에테르용액은 투명하게 된다. 이 때 계속 실험하려면 하루 밤 방치하는 대신에 잘 저어주면서 약 30~40분간 건조시킨다.

⑩ 투명하게 된 에테르용액을 500mL 증류플라스크에 옮기고 물중탕에서 가열하여 증류하여 에테르를 회수한다.
증류대신에 증발기를 사용하는 편이 효율적이다.
에테르를 받는 용기는 (얼음)물에 담겨 있도록 하고 주의하여 증류한다. 에테르는 끓는점(35℃)이 낮고 휘발성이 큰 용매로 불붙기 쉬우므로 주의를 요한다.

⑪ 에테르가 모두 증류되어 나오면 잔류한 기름모양의 아닐린은 온도계가 설치된 작은 증류플라스크에 공기 냉각기를 장착하여 증류한다.
온도가 175℃ 정도가 될 때까지는 유출물은 버리고(초유물 중에는 소량의 에테르가 포함되어 있으므로 주의), 끓는점이 180~185℃의 유분만을 모은다.

⑫ 최종 유출물은 잘 건조된 무게를 단 플라스크에 모으고, 무게를 달아서 수득률을 계산한다.

참고 아닐린의 성질 및 용도

- 무색투명한 특이한 냄새를 가진 액체
- 공기중에서 쉽게 착색되어 황~적갈색으로 변함
- 알코올, 벤젠, 에테르 등에는 잘 용해한다.
- b.p. = 185℃
- 비중 = 1.027
- 분자량 = 92
- 용도 : 아조염료 및 기타 염료나 의약품의 합성원료

PROBLEMS

1) 수증기증류(steam distillation)에 대한 설명과 그 실험장치를 그리시오.

2) Nitrobenzene의 환원에서 환원제 $LiAlH_4$, Ni(혹은 Pt)+H_2 환원반응을 적으시오.

3) 나이트로화 반응생성물에 NaOH를 과잉량 사용하였는데 그 이유는?

4) 아닐린과 나이트로벤젠의 혼합물을 분리할 때 증류 외에 다른 방법은 무엇인가?

5) 아닐린의 공업적 용도를 조사하시오.

6) 반응수율(yield)을 계산하시오.

7) 합성된 아닐린의 IR 스펙트럼을 구하여 문헌치와 비교하시오.

실험 4-3 설파닐산(Sulfanilic acid)

1. 목적

아닐린에 진한 황산 또는 발연황산을 작용시켜 파라(para-) 위치에 설폰산기를 도입시키는 설폰화반응을 이해한다.

2. 관련지식

유기화합물에 설폰산기(-SO_3H)를 도입하는 유기단위반응을 설폰화반응(sulfonation)이라 한다. 설폰화반응은 유기합성 화학에서 매우 중요한 단위반응 중의 하나이다. 특히 방향족 화합물은 비교적 쉽게 직접 설폰화가 가능하고, 도입된 설폰산기(-SO_3H)를 다른 치환기로 치환시켜 유기화합물의 중간체를 얻는데 편리하므로 흔히 사용되는 반응이다. 예를 들면, 방향족 화합물인 아닐린(aniline)에 진한 황산(H_2SO_4)이나 발연황산(fuming H_2SO_4, oleum)을 작용시키고 180～190℃에서 2시간 동안 가열하면 아민기(-NH_2)를 가진 벤젠고리의 파라(para-) 위치에 설폰산기가 도입되어 설퍼닐산(sulfanilic acid)을 생성한다.

일반적으로 설폰화된 생성물인 설폰산(sulfonic acid)은 염료공업에서 -SO_3H의 강력한 친수성 원자단의 도입으로 방향족 화합물을 가용성으로 하는 염료 중간체로서 중요한 성질을 나타내는 등 염료류, 페놀류, 계면활성제, 합성감미제 등의 합성 중간체로서 널리 이용되고 있다. 설폰화제(sulfonating agents)로는 여러 가지가 사용되나 그 중에서도 가장 널리 사용되는 것이 진한 황산, 발연황산, SO_2Cl_2 등이다. 본 반응에서는 최초에 생성된 aniline황산염이 180～190℃에서 탈수되어 phenylsulfamic acid가 생성되었다가, N에 붙어있는 -SO_3H기가 α, γ 전위를 일으켜 아민기의 오쏘(ortho-)위치에 와서 *o*-sulfanilic acid가 생성되었다가, 불안정한 이 산이 다시 α, γ 전위를 일으켜 아민기의 파라(para-) 전위로 옮겨져서 목적물인 설퍼닐산(sulfanilic acid)이 생성되는 것으로 생각된다.

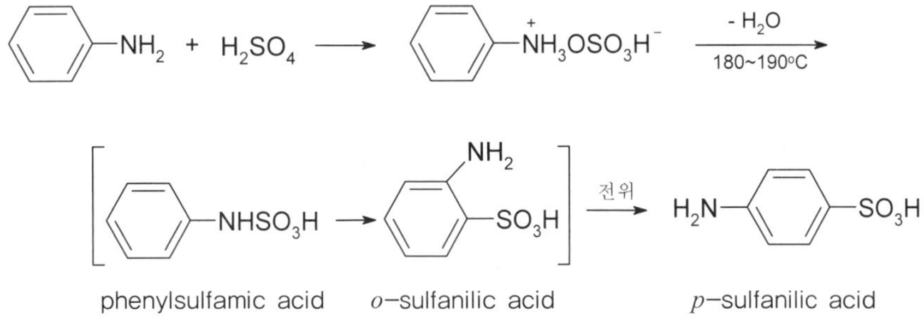

3. 실험기구 및 시약

(1) 기구 : 100mL 둥근바닥 플라스크, 냉각기(환류용), 기름중탕기(oil bath), 가열기, 감압 여과기, 뷰흐너 깔때기(Buchner funnel), 적하 깔때기(dropping funnel), 비커, 피펫, 메스실린더, 수은 온도계, 전자저울

(2) 시약 : 아닐린(C_6H_5-NH_2), 진한 황산(conc. H_2SO_4), 발연황산(fuming H_2SO_4), 활성탄(activated carbon)

4. 실험방법

방법 I

① 100mL 둥근바닥 플라스크에 아닐린(aniline) 10mL(10.3g)을 넣고 플라스크 외부를 찬물로 식히면서 진한 황산 20mL(37g)를 적하깔때기(dropping funnel)를 통하여 소량씩 교반하면서 가한다. 이때 백색 고체인 aniline monosulfate가 석출되기 시작한다.

② 10%-발연황산(oleum ; fuming sulfuric acid) 20mL를 잘 교반하면서 가한다.

③ 기름중탕(oil bath) 중에서 170～190℃로 2시간 가열한다.
이때 반응의 종말점을 알기 위하여 10%-NaOH 용액 5～6mL를 시험관에 취하고 반응액 1～2방울을 가하여 맑은 용액이 되면 아닐린은 완전히 설폰화된 것이고, 아닐린의 유적이 분리되면 반응이 완결되지 않은 것이므로 가열을 계속한다.

④ 반응물을 냉각한 후 냉수 약 20mL중에 잘 흔들면서 주가하고 5분간 방치한다.

⑤ 생성된 설파닐산(sulfanilic acid) 결정을 흡인여과하여 분리하면 무색 결정이 얻어

진다.

⑥ (재결정) : 더운 물로 재결정한다.
이때 불순물로 인하여 착색되어 있으면 활성탄 2g 정도를 넣고 약 10～15분간 가열하고, 냉각되기 전에 뜨거운 채로 여과하여 활성탄을 제거한다.

⑦ 여액을 냉각시키면 무색결정이 얻어진다.

⑧ 결정을 흡인여과하고 소량의 찬물로 세척한 후 수분을 공기 중에서 건조시킨 후 무게를 잰다.

⑨ 생성된 설파닐산의 수득률(yield)을 계산한다.

⑩ 녹는점을 측정한다(m.p. = 280℃, 녹는점이 일정하지 않고 융점에서 분해된다).

방법 II

① 100mL 둥근바닥 플라스크에 아닐린 10mL(10.3g)을 넣고 플라스크 외부를 찬물로 식히고 잘 흔들면서 진한 황산 20mL(37g)를 서서히 가한다.
이때 백색 고체인 aniline monosulfate가 석출되기 시작한다.

② 이 혼합액을 기름중탕(oil bath) 중에서 170～190℃로 4～5시간 가열한다.

③ 반응액을 냉수 200mL중에 교반하면서 주가한다.
이때 생성된 설파닐산(sulfanilic acid)은 희백색 결정으로 침전된다.

④ 이 생성물을 흡인여과하여 결정을 500mL 비커에 넣고 물을 200mL 가하여 가열 용해한다.

⑤ 활성탄 1g 정도를 2～3회에 걸쳐 나누어 가하고 잘 흔들면서 잠시 가열을 계속한 후에 뜨거운 상태(hot funnel)로 흡인여과한다.

⑥ 여액을 냉각시키면 결정이 얻어지고 다시 흡인여과한 후 소량의 찬물로 세척한 후 수분을 공기 중에서 건조시킨 후 무게를 잰다.

⑦ 생성된 설파닐산의 수득률(yield)을 계산한다.

참고 설파닐산의 성질 및 용도

- 무색 사방정계 판상결정으로 2분자의 결정수를 가지고 있으며, 공기 중에 방치하면 결정은 분말상으로 된다.
- 280℃에서 분해되며 융점은 일정하지 않다.
- 용도 : 설파(sulfa)제

PROBLEMS

1) 설폰화반응에 대하여 정리하시오.

2) 본 합성의 반응메커니즘을 적으시오.

3) 설파닐산(slfanilic acid)의 성질 및 용도를 쓰시오.

4) 수득률(yield)을 계산하시오.

5) 실험방법 I과 II의 차이점을 지적하고, 그 결과에 대하여 검토하시오.

6) 합성된 설파닐산의 IR 스펙트럼을 구하여 문헌치와 비교하시오.

실험 4-4 피크르산(Picric Acid)

1. 목적

페놀을 원료로 하여 피크르산(picric acid)을 만들 때 직접 나이트로화 하지 않고 설폰화 시켜 설폰산기(-SO_3H)를 도입시킨 다음, 질산과 반응시켜 나이트로기(-NO_2)기로 치환시켜 피크르산을 만드는 방법을 익힌다.

2. 관련지식

페놀(phenol)에 바로 혼산(mixed acid)을 작용시켜 나이트로화(nitration)시키면 산화에 대하여 몹시 예민한 페놀이 공격을 받아 수율은 현저하게 낮아진다. 따라서 페놀에 진한 황산을 먼저 작용시켜 설폰화(sulfonation)를 시키면 오쏘(ortho-) 및 파라(para-) 위치에 설폰산기(-SO_3H)기가 도입되고, 계속하여 설폰화가 진행되면 2, 4, 6-위치에 설폰화가 된다. 이 화합물은 진한 질산의 공격에 의한 페놀의 산화가 방지되며, 또한 설폰화반응은 가역적이기 때문에 용이하게 나이트로기(-NO_2)와 치환되게 된다. 따라서 피크르산(picric acid, 2,4,6-trinitrophenol)은 페놀에 진한 황산(conc. H_2SO_4)을 가하고 가열한 후 진한 질산(conc. HNO_3)을 작용시켜서 제조하고, 그 반응식은 다음과 같다.

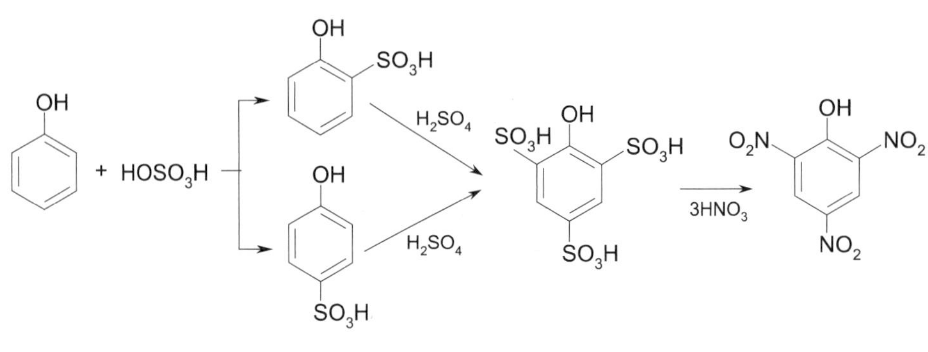

피크르산은 고성능폭약으로 사용되는 물질이므로 특히 주의해서 취급해야 하며, 본 실험에서 설폰화반응이 끝난 후 진한 질산을 첨가할 때는 NO_2의 적갈색 가스가 맹렬히 발생하므로

특별한 주의를 요한다.

3. 실험기구 및 시약

(1) 기구 : 250mL 둥근바닥 플라스크, 물중탕기(water bath), 냉각기(환류용), 가열기, 적하깔때기(dropping funnel), 감압여과기, 비커, 피펫, 메스실린더, 전자저울

(2) 약품 : 페놀(C_6H_5OH), 진한 황산(conc. H_2SO_4), 진한 질산(conc. HNO_3), 에탄올(C_2H_5OH)

4. 실험방법

① 250mL 둥근바닥 플라스크에 페놀 10g과 진한 황산 20mL를 넣고 잘 흔든다.
(이때 발열하면서 갈색의 용액으로 바뀐다)

② 플라스크를 끓는물 중탕(沸騰水浴, boiling water bath) 중에서 30분 동안 가열한다.
이때 phenol sulfonic acid가 생성된다.

③ 진한 질산 약 45mL를 적하깔때기에 넣고, 한 번에 2～3mL씩 교반하면서 서서히 가하고 반응액이 잔잔해지면 또 적가하면서 전량을 가한다.
이때 적갈색의 NO_2기체가 발생하면서 격렬하게 반응하므로 통풍실에서 주의하여 실험하는 것이 좋다.

④ 반응을 완결시키기 위하여 비등수욕 중에서 (환류냉각기를 달고) 1시간 반 정도 가열한다. 가열하는 동안 잘 흔들어 주어야 생성량이 많아진다. 이때 유상이 되었다가 나중에는 황색결정으로 석출된다.

⑤ 냉수 약 130mL를 가하고 잘 교반한 후 냉각시키면 황색결정이 석출된다.

⑥ 이것을 감압여과하고 물로 세척한다.

⑦ (재결정) 에탄올 : 물 = 1 : 2의 용액으로 재결정한다.

⑧ 결정은 여과지 사이에 끼워 건조시킨 후 무게를 단다.

참고 피크르산의 성질 및 용도

- m.p. = 121∼122℃
- mw = 229.11
- 무취, 쓴맛의 광택을 내는 황색결정
- 서서히 가열하면 승화하고 고온에서는 폭발한다.
- 알코올, 에테르에는 잘 녹고, 물에는 비교적 쉽게 용해한다.
- 용도 : 염료 및 폭약 등으로 사용

※ 주의사항

페놀이 손이나 피부에 묻으면 즉시 에탄올로 오랫동안 문지르고 비눗물로 씻든지, 에탄올에 $FeCl_3$ 소량을 녹인 용액으로 오랫동안 문지르고 비눗물로 씻으면 더 좋다.

PROBLEMS

1) 페놀을 직접 나이트로화하지 않고 설폰화한 다음에 나이트로기로 치환하여 피크르산을 제조하는 이유는 무엇인가?

2) 폭약으로 사용되는 물질에 대하여 조사하시오.

3) 수율(yield)을 계산하시오.

4) 피크르산의 녹는점을 측정하시오.

5) 합성된 피크르산의 IR 스펙트럼을 구하여 문헌치와 비교하시오.

실험 4-5 에틸벤젠(Ethylbenzene)

1. 목적

프리델-크라프츠(Friedel-Crafts) 반응은 방향족화합물의 친전자성 치환반응 중에서 가장 유용한 반응으로서 알킬화반응 및 아실화반응을 말한다. 벤젠과 브로민화에틸을 아실화반응을 통하여 에틸벤젠을 합성하는 실험을 통하여 프리델-크라프츠 반응을 이해한다.

2. 관련지식

방향족 화합물에 알킬기를 도입시키는 반응을 알킬화반응(alkylation)이라 하고, 아실기(RCO-)를 도입시키는 반응을 아실화반응(acylation)이라 한다. 이 반응은 1877년 Charles Friedel(프)과 James M. Crafts(미)에 의해 발견되었다. 초기에는 촉매로 주로 염화알루미늄($AlCl_3$)이 쓰였으나, 그 후 알루미늄 아말감도 쓰이고 있다. 방향족 화합물의 알킬화반응은 주로 할로겐화알킬(RX)과 $AlCl_3$ 존재 하에서 반응을 시키고, 아실화반응은 산염화물(acyl halide, RCOX)과 반응을 시킨다. 프리델-크라프츠 반응 및 그 변형을 통한 방향족화합물의 아실화는 방향족 케톤 화합물의 합성에 주요한 방법 중의 하나이다.

(1) 프리델-크라프츠(Friedel-Crafts) 알킬화반응

염화알루미늄($AlCl_3$) 촉매 하에서 벤젠을 염화알킬(alkyl chloride)과 반응시키면 알킬벤젠(alkyl benzene)이 생성된다.

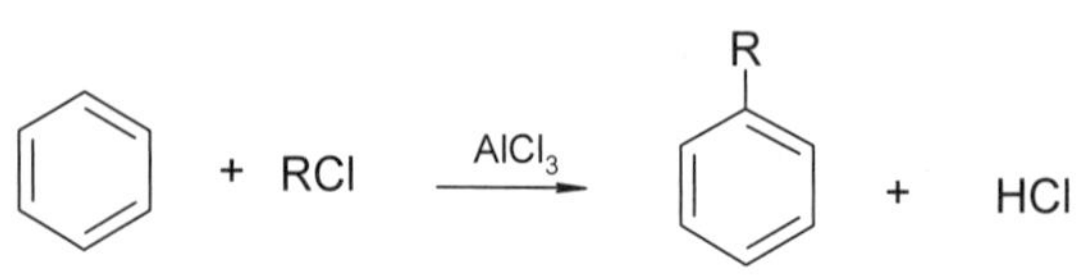

예를 들면, 벤젠과 염화에틸(ethyl bromide)과 반응시켜 생성되는 에틸벤젠(ethyl benzene)이 생성되는 프리델-크라프츠 알킬화반응은 다음과 같다.

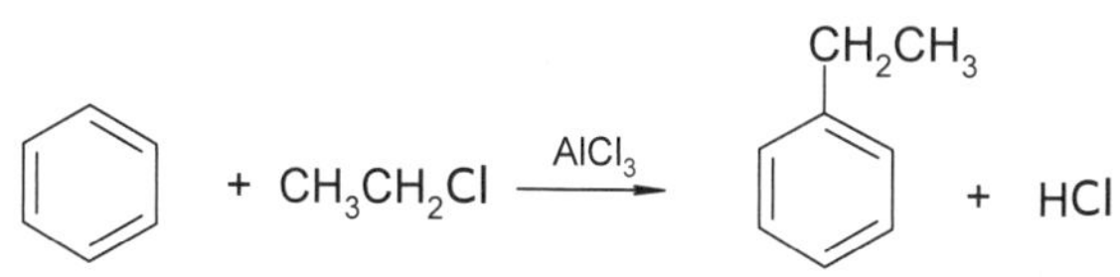

(2) 프리델-크라프츠 아실화반응

방향족 화합물을 $AlCl_3$ 촉매 하에서 산염화물(acyl halide, RCOCl 등)과 반응시켜 아실기(RCO-)를 도입시키는 반응을 아실화반응이라 한다.

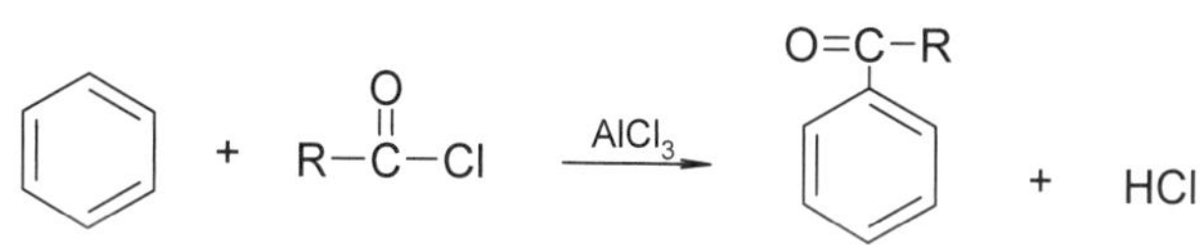

3. 실험기구 및 시약

(1) 기구 : 500mL 둥근바닥 플라스크, 클라이젠 어댑터(Claisen adapter), 환류냉각기(reflux condenser), 적하깔때기(dropping funnel), 분액깔때기(separatory funnel), 물중탕기(water bath), 분별증류장치, 가열기, 삼각플라스크, 비커, 수은 온도계, 메스실린더

(2) 시약 : 벤젠(C_6H_6), 염화에틸(CH_3CH_2Cl), 염화알루미늄($AlCl_3$), 염화칼슘($CaCl_2$), 진한 염산(conc. HCl)

4. 실험방법

① 500mL 둥근바닥 플라스크에 클라이젠 어댑터(Claisen adapter), 환류냉각관(reflux condenser), 적하깔때기(dropping funnel)를 장치하고, 반응 중에 발생하는 할로젠화수소(HX) 증기를 처리하기 위하여 그림 4-1과 같이 흡수관을 설치하여 기체를 포집한다.

② 플라스크에 벤젠 36mL를 넣고, 염화알루미늄(aluminum chloride) 10g을 넣는다.

③ 다시 벤젠 35mL와 염화에틸(ethyl chloride) 30mL를 섞어 만든 혼합용액을 적하깔때기에 넣는다.

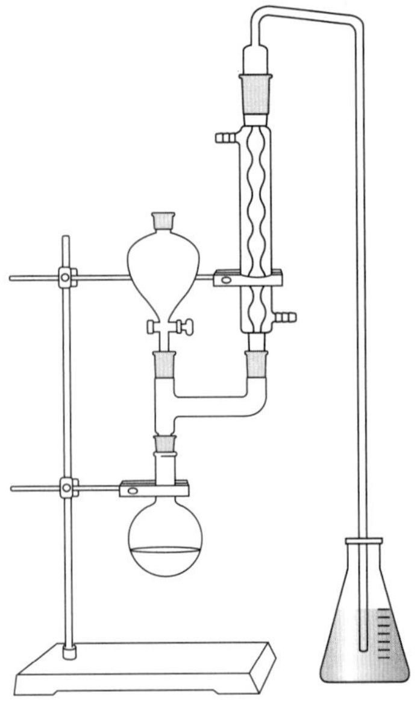

그림 4-1 알킬화 장치

④ 반응 혼합용액을 플라스크에 일정량(반응이 개시되어 관찰할 수 있을 정도의 양)을 가한다.

⑤ 반응용액을 서서히 가열하여 기체가 발생하기 시작할 때까지 물중탕에서 가열한다. 반응이 진행되면 HCl 기체가 흡착기에 포집되게 된다.

⑥ 반응이 시작되면 가열을 멈추고 적하깔때기의 반응 용액을 일정한 속도로 소량씩 가한다. 이때 격렬하게 HCl기체가 발생한다.

⑦ 반응용액을 다 가하고 난 후 약 15분 정도 후에 반응을 완결시킨다.

⑧ 반응 혼합물을 냉각시키고 냉수 120mL를 넣는다.

⑨ 알루미늄 침전물이 녹을 정도의 진한 염산(약 20mL)을 서서히 교반하면서 가한다.

⑩ 혼합물을 분액깔때기에 옮기고 유기층을 벤젠층과 분리한다.

⑪ 분리한 유기층에 무수 염화칼슘($CaCl_2$) 10～15g을 넣고 건조시킨다.

⑫ 둥근바닥 플라스크에 넣고 분별증류를 하여 끓는점 133～138℃의 유분을 모은다. 증류는 서서히 규칙적으로 실시하고 column을 석면 등으로 둘러싸는 것이 좋다.

⑬ 모은 증류액의 무게를 재고, 수율을 계산한다.

참고 화합물의 성질 및 용도

- 염화에틸은 무색의 인화성, 휘발성 액체(혹은 기체)이다.
  - b.p. = 12.3℃
  - d_4^{20} = 0.894
  - mw = 64.5
- 에틸벤젠은 무색의 인화성 액체이다.
  주용도는 스타이렌 제조에 사용된다.
  - b.p. = 136.3℃
  - d_{25}^{25} = 0.866
  - mw = 106.2

PROBLEMS

1) 방향족 화합물의 Friedel－Crafts 반응에 대하여 정리하시오.

2) 반응 혼합물에 염산을 가하는 이유는 무엇인가?

3) 벤젠과 염화아세틸(acetyl bromide, CH_3COCl)을 $AlCl_3$ 촉매 하에서 반응시켰을 경우의 반응식을 적으시오.

4) 톨루엔에 염화에틸을 $AlCl_3$ 촉매 하에서 반응시켰을 경우의 반응식을 적으시오.

5) 에틸벤젠의 수율(yield)을 계산하시오.

6) 합성된 에틸벤젠의 IR 스펙트럼을 구하여 문헌치와 비교하시오.

실험 4-6 염화사이클로헥실(Cyclohexyl chloride)

1. 목적

알코올로부터 염화알킬(alkyl chloride)을 만드는 법을 통하여 할로젠화반응(halogenation)을 이해한다.

2. 관련지식

유기화합물의 분자 내에 할로젠 원자를 도입하는 반응을 할로젠화반응(halogenation)이라 한다. 이중에서 할로젠화알킬(alkyl halide, RX)은 알케인(alkane)의 자유라디칼 치환반응, 알켄(alkene)에 대한 할로젠화수소(HX) 및 할로젠(Cl_2, Br_2, I_2)의 첨가반응, 그리고 알코올(ROH)로부터 합성하는 방법이 주로 이용되고 있다. 이중에서 할로젠화알킬의 가장 중요한 합성법으로는 알코올을 HX, 염화싸이오닐(thionyl chloride, $SOCl_2$) 혹은 오염화인(PCl_5)과 반응시켜 알코올의 하이드록시기(-OH)를 할로젠으로 치환시키는 것이다.

$$\text{R-OH} + \text{HX} \rightarrow \text{R-X} + \text{H}_2\text{O} \quad (\text{X}=\text{Cl, Br, I})$$

할로젠화수소가 반응하는 반응성경향은 HI 〉 HBr 〉 HCl이다. 할로젠원소 중 염소가 값이 싸고 구하기 쉬워 염소화반응을 이용한 공업이 제일 많고 또 중요하다. 브로민화합물은 염소화합물보다 부가반응이나 치환반응에서 반응성이 크므로 염료, 의약제품 제조에 이용된다. 플루오르화합물은 안정하고 끓는점이 낮아 냉동제, 분무제 및 내열성고분자 제조에 주로 사용된다.

알코올의 할로젠화 수소에 대한 반응성은 삼차 알코올 〉 이차 알코올 〉 일차 알코올 〉 메틸 알코올 순이다. 삼차 알코올은 실온 또는 그 이하의 온도에서 HCl, HBr, HI와 같은 할로젠화수소와 반응하여 수분 내에 할로젠화알킬을 높은 수율로 얻을 수 있다. 이차 및 일차 알코올은 반응이 느려서 높은 온도가 요구된다.

사이클로알케인(cycloalkane)은 이차 알코올로 반응성이 좋아 진한 염산과 반응하여 쉽게 염화물이 생성된다.

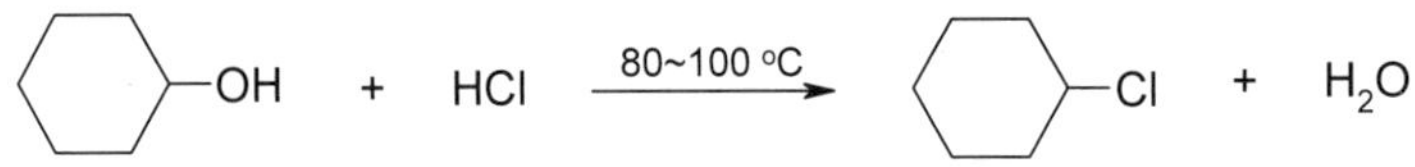

이 반응은 친핵성 치환반응의 한 예이다. 염화알킬이나 브로민화알킬의 합성에서 문제점은 미반응한 알코올이 생성물에 오염되는 것이다. 알코올을 제거하려면 합성한 할로젠화물을 진한 황산으로 씻고 다시 물로 씻는다. 특히 이 시약을 Grignard시약으로 사용하려면 알코올이나 물이 남아 있어서는 절대 안 된다. 따라서 이러한 경우에는 분별증류로 조심스럽게 알코올을 제거해야 된다.

3. 실험기구 및 시약

(1) 기구 : 300mL 둥근바닥 플라스크, 환류냉각기(reflux condenser), 가열기, 분액깔때기(separatory funnel), 단순증류장치, 비커, 메스실린더, 전자저울

(2) 시약 : 사이클로헥산올($C_6H_{11}OH$), 진한 염산(conc. HCl), 진한 황산(conc. H_2SO_4), 염화칼슘($CaCl_2$)

4. 실험방법

① 300mL 둥근바닥 플라스크에 30mL 사이클로헥산올(cyclohexanol)과 진한 염산 120mL를 넣는다.

② 기체 포집기가 부착된 환류냉각기를 장치한 다음 끓임쪽(boiling chip)을 넣고 80～100℃ 정도로 가열한다. 이때 너무 격렬하게 가열하지 않도록 주의한다.

③ 2～2.5시간 반응시킨 후 냉각시킨다.

④ 용액을 분액깔때기에 넣고 아래 물층을 가능한 한 완전히 제거시킨다.

⑤ 염화물 층에 진한 황산 10mL를 넣고 두 층이 완전히 섞이도록 세게 흔든다.

⑥ 수분간 방치하여 황산수용액 층을 분리 제거한다.

⑦ 염화물을 20mL 물로 세척한다.

⑧ 무수 염화칼슘($CaCl_2$) 소량을 가하여 건조시키고 여과한다.

⑨ 50mL 둥근바닥 플라스크에 넣고 단순증류하여, 처음에 100℃에서 유출되는 물은 버리고 138～142℃ 범위의 증류액만을 받는다.

⑩ 염화물의 무게를 달아 수율을 계산한다.

참고 Cyclohexyl chloride의 성질 및 용도

- 무색의 호흡곤란의 냄새나는 액체
- 물에는 녹지 않으나 알코올에는 잘 녹는다.
- b.p. 142℃
- 비중 = 1.00
- 분자량 = 118.6

PROBLEMS

1) 염화알킬화합물을 제조하는 법을 예를 들어 설명하시오.

2) 제3뷰틸알코올(tert-butyl alcohol)과 브로민화수소의 반응을 쓰시오.

3) 반응생성물에 황산을 넣는 이유는 무엇인가?

4) 반응생성물의 수율을 계산하시오.

5) 염화사이클로헥실의 IR 스펙트럼을 구하여 문헌치와 비교하시오.

실험 4-7 Grignard시약

1. 목적

유기합성에서 가장 다양한 중간체로 이용되고 있는 유기마그네슘 할로젠화물이 Grignard 시약이다. 알킬할라이드를 마그네슘과 에테르 중에서 반응시켜 Grignaard시약을 제조하는 법을 익히고 그 활용방법을 배운다.

2. 관련지식

그리냐르시약(Grignard's reagent)은 유기마그네슘 할로젠화물(RMgX)로 유기합성에서 가장 다양성 있는 합성 중간체이다. 프랑스 화학자 V. Grignard는 마그네슘은 에테르에 녹지 않지만 할로젠화물과 반응하여 에테르에 녹는 유기금속화합물인 Grignard시약을 생성한다는 것을 발견하였다. Grignard는 이 공로로 1912년 노벨화학상을 수상했다.

금속 마그네슘(Mg)과 할로젠화 알킬(alkyl halide) 또는 할로젠화 아릴(aryl halide)을 에테르에 넣고 반응시키면 탄소−할로젠 결합이 깨지면서 마그네슘과 결합하여 RMgX나 ArMgX 형태의 유기마그네슘 화합물을 생성하는데, 이 물질을 Grignard시약(Grignard reagent)이라고 한다. X는 보통 Br이나 Cl이다.

$$\text{R-X} + \text{Mg} \xrightarrow{\text{dry ether}} \text{R-MgX}$$

여기서, R은 알킬기 또는 사이클로알킬기 또는 알켄일기, 아릴기 등이 될 수 있다. Grignard시약을 합성할 때 주로 사용하는 용매로는 무수 다이에틸에테르(diethyl ether)와 고리형태의 에테르인 tetrahydrofuran(THF)이 있다. Grignard 용매로 사용되는 에테르에는 극미량의 물이나 알코올도 들어 있어서는 안 된다. 이때 만일 반응물, 용매, 실험장치 등이 아주 잘 건조되지 않았거나 Mg이 순수하지 않고 산화피막을 제거하지 않으면 반응은 쉽게 일어나지 않는다. 소량의 요오드(I_2) 결정을 넣어주면 Mg의 표면이 깨끗하게 노출되어 반응이 일어나며, 또는 1,2-다이브로모에탄(1,2-dibromoethane, 발암물질이므로 주의)을 몇 방울 가해주면 반응이 진행된다. 참고로 Grignard시약의 명명은 유기원자단의 이름과 마그네슘을 붙여서 쓰고 그 뒤에 붙는 할라이드(halide)의 이름은 띄어 쓴다.

$$CH_3\text{-}Br + Mg \xrightarrow{\text{dry ether}} CH_3MgBr$$

methyl bromide　　　　methylmagnesium bromide

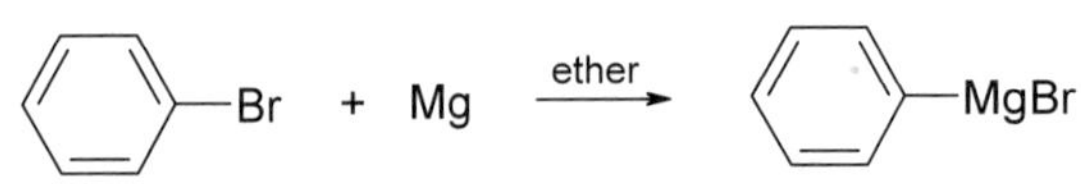

bromobenzene　　　　phenylmagnesium bromide

Grignard시약의 가장 중요한 반응형태는 Grignard시약과 카보닐 화합물이나 카복실산 에스터를 반응시켜 생긴 알콕시마그네슘 할라이드(alkoxymagnesium halide)를 가수분해하면 알코올이 생성된다. 즉, 폼알데하이드는 Grignard시약과 반응하여 1차 알코올을 만들고, 다른 모든 알데하이드는 시약과 반응하여 2차 알코올을 생성하며, 케톤은 시약과 반응하여 3차 알코올을 생성한다.

① 폼알데하이드(form aldehyde)로부터 1차 알코올의 합성

$$CH_2{=}O + RMgX \longrightarrow RCH_2OMgX \xrightarrow{H_2O} RCH_2OH$$

② 알데하이드로부터 2차 알코올의 합성

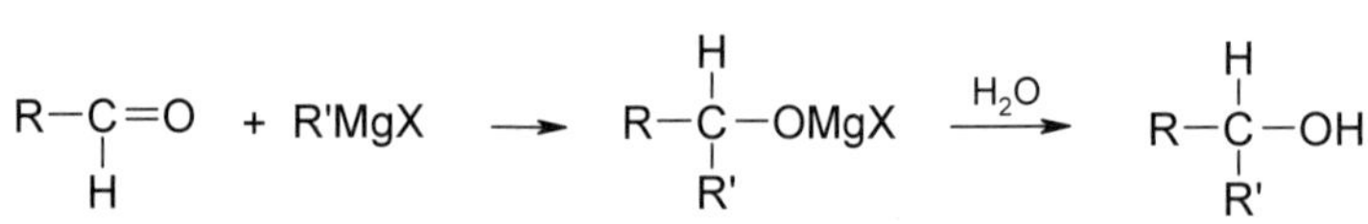

③ 케톤(ketone)으로부터 혹은 에스터(ester)로부터 3차 알코올의 합성

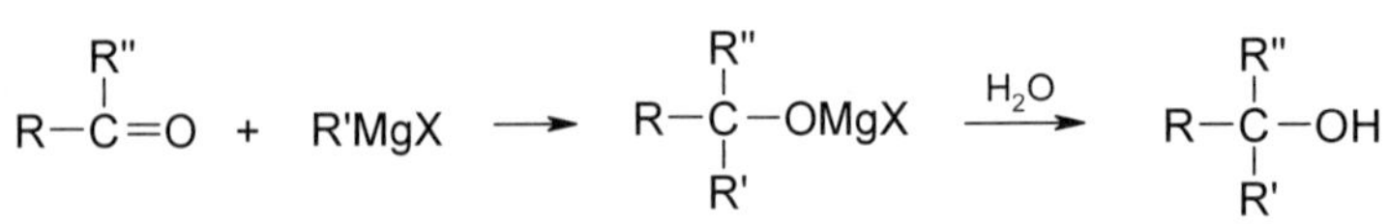

또한, 에스터(ester)를 Grignard시약과 반응시켜 알코올을 제조할 수도 있다. 에스터 1몰과 Grignard시약 2몰과의 반응은 2개의 동일한 알킬기를 갖는 3차 알코올을 합성하는 유용한 반응이다.

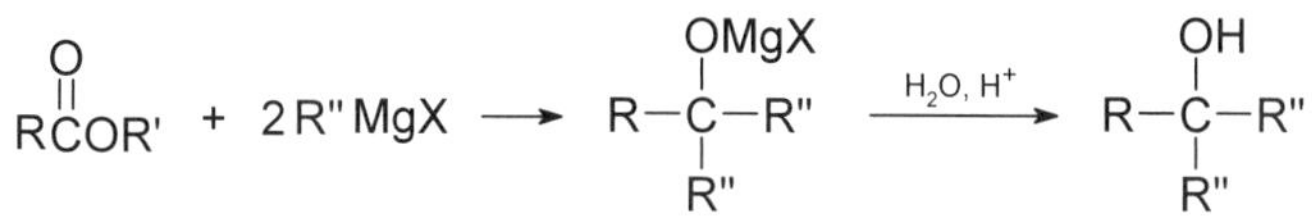

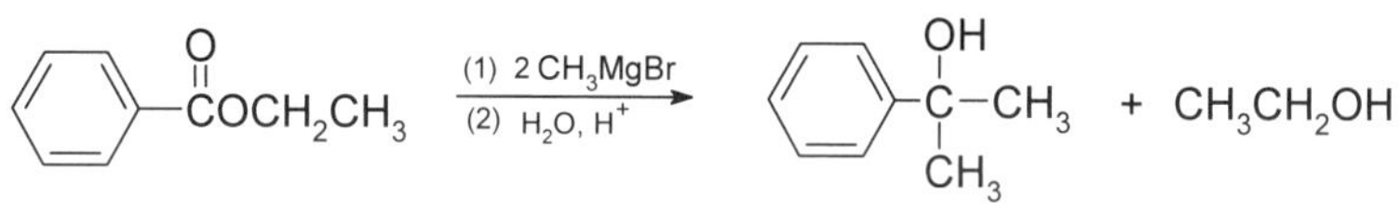

ethyl benzoate 2-phenyl-2-propanol

3. 실험기구 및 시약

1) 기구 : 3구 둥근바닥 플라스크, 환류냉각기, 온도계, 삼각플라스크, 분별깔때기, 물중탕
2) 시약 : *n*-propyl bromide($CH_3CH_2CH_2Br$), 다이에틸에테르($C_2H_5OC_2H_5$), 마그네슘(Mg), 요오드(I_2), 염화칼슘($CaCl_2$)

4. 실험방법

n-propyl magnesium bromide 합성

① 300mL 3구 둥근바닥 플라스크에 분액깔때기, 환류냉각기, 온도계를 부착한다. 필요하면 환류냉각기 끝에 탈수용 염화칼슘($CaCl_2$)관을 장착한다. 이때 모든 유리기구는 완전히 건조시켜야 한다.

② 건조 마그네슘(Mg) 1.0g(0.041mole)과 소량의 요오드(I_2) 결정을 가한다.

③ 건조된 25mL 혹은 50mL 삼각플라스크에 *n*-propyl bomide 3.7~3.8mL(5.05g, 0.041mole)을 넣고 무수 다이에틸에테르(diethyl ether) 12mL를 가한다.

④ 에테르-브롬화물을 분액깔때기에 붓고 플라스크 안의 마그네슘에 1~1.5mL를 주가한다. 이때 적합한 조건에서는 가열하지 않아도 5분 안에 반응이 시작하여 에테르가 격렬하게 끓고 요오드의 색이 사라지게 된다. 반응이 일어나자 마자 미리 준비해 둔 건조된 에테르 25mL를 냉각기의 꼭대기를 통해 집어넣어 반응의 활성을 조절한다.

⑤ 만일 반응이 진행되지 않으면 따뜻한 물 혹은 물중탕으로 서서히 가온한다. 그러나 반응이 갑자기 일어나면 얼음 물중탕으로 플라스크를 냉각하여 반응을 완만하게 진행시켜야 한다.

(주의) 플라스크를 가온하여도 5분 안에 반응이 시작되지 않으면 수율이 낮게 되므로, 반응장치를 완전히 건조시킨 후 주의하여 다시 실험을 시작하는 것이 좋다. 실험이 성공적이기 위해서는 남은 에테르-브롬화물 용액이 Mg에 가해지기 전에 반응이 시작되어야 한다.

⑥ 초기 격렬한 반응을 조절할 때, 나머지 에테르-브롬화물 용액을 에테르가 환류되는 속도로 서서히 약 10분간에 걸쳐 한 방울씩 주가한다. 이때 플라스크를 자주 흔들어 준다.

⑦ 브롬화프로필을 다 주가한 후 30분간 물중탕에서 천천히 반응혼합물을 환류시킨다. 이때 에테르가 냉각기 상부로 나가지 않도록 주의한다.

⑧ 반응 혼합물의 Mg가 거의 용해되어 혼탁한 용액 또는 갈색의 용액이 되면 가열을 중지한다. 이때 반응 혼합물 용액의 부피는 약 15mL가 된다.

PROBLEMS

1) *n*-Propylmagnesium bomide Grignard시약의 생성반응식을 적으시오.

2) Grignard 제조시 물기가 있으면 안 되는 이유를 적으시오.

3) 위에서 합성한 Grignard시약과 아세톤과의 합성반응식을 적으시오.

4) 수율을 계산하시오.

5) 제조한 Grignard시약을 분광학적방법(IR)으로 확인해 보시오.

실험 4-8 아세트산에틸(Ethyl acetate)

1. 목적

알코올과 유기산이 반응하여 탈수와 동시에 에스터(ester)가 만들어지는 에스터화반응(esterfication)에 대한 지식을 얻는다.

2. 관련지식

알코올(alcohol, ROH)과 카복실산(carboxylic acid, RCOOH)을 산촉매(HCl, H_2SO_4 등) 하에서 반응시키면 물을 잃고 에스터(ester, RCOOR')가 생성된다.

$$R-\overset{O}{\overset{\|}{C}}-OH + R'-OH \overset{H^+}{\rightleftharpoons} R-\overset{O}{\overset{\|}{C}}-OR' + H_2O$$

이 반응은 친핵성치환반응으로 Fischer 에스터화반응이라 한다. Fischer 에스터화반응은 가역반응으로 과량의 알코올이나 카복실산을 사용함으로써 정반응의 생성물쪽으로 놓이게 한다.

아세트산(acetic acid)에 과잉량의 에탄올(ethanol)을 가하고 촉매로서 소량의 진한 황산을 가하여 가열하면 아세트산에틸(ethyl acetate)이 생성된다.

$$CH_3-\overset{O}{\overset{\|}{C}}-OH + CH_3CH_2OH \overset{H^+}{\rightleftharpoons} CH_3-\overset{O}{\overset{\|}{C}}-O-CH_2CH_3 + H_2O$$

에스터화반응은 가역반응으로 평형에 도달하게 되므로 이 평형을 생성물이 많이 존재하는 새로운 평형으로 이동시키기 위해서 반응물질의 하나인 에탄올을 과잉으로 사용하는 것이 유리하다(Le Chatelier 원리). 에스터화 촉매로 가장 많이 사용되는 것은 HCl, H_2SO_4, BF_3 등이다.

아세트산에틸은 사과향이 난다. 일반적으로 휘발성의 에스터는 좋은 향기를 내며 과실과 꽃을 구성하는 주성분이고 향수로 쓰인다.

3. 실험기구 및 시약

(1) 기구 : 300mL 둥근바닥 플라스크, 환류 냉각기(reflux condenser), 석면망(wire gauze), 단순증류장치, 분액깔때기(separatory funnel), 삼각플라스크(Erlenmeyer flask), 가열기, 여과지(5A), 비커, 메스실린더, 온도계

(2) 시약 : 에탄올(C_2H_5OH), 빙초산(glacial acetic acid, CH_3COOH), 진한 황산(conc. H_2SO_4), 탄산나트륨(Na_2CO_3), 염화칼슘($CaCl_2$)

4. 실험방법

방법 I

① 300mL 둥근바닥 플라스크에 에탄올 50mL와 빙초산(glacial acetic acid) 50mL를 넣고 잘 흔든 다음, 플라스크 외부를 차게 유지시키면서 진한 황산 10mL를 서서히 가한다.

② 용액이 균일하게 되도록 잘 흔들어 준 다음, 환류 냉각기(reflux condenser)를 달고 석면망(wire gauze) 상에서 약 10분간 끓인다.

③ 이것을 단순증류하여 반응 혼합물 약 2/3를 유출시킨다.

④ 유출물을 분액깔때기(separatory funnel)에 옮기고 30%-Na_2CO_3수용액을 소량씩 가하여 혼합용액을 중화시킨다.

중화반응 시 CO_2가스가 발생하므로 흔들어 주면서 거꾸로 세워 깔때기 코크(cock)를 열어 내압을 제거해 준다.

⑤ 분액깔때기를 정치시켜 충분히 두 층으로 분리되면 하층의 Na_2CO_3수용액을 제거한다.

⑥ 여기에 증류수 25mL에 염화칼슘($CaCl_2$) 15g을 녹인 수용액을 분액깔때기의 아세트산에틸(ethyl acetate)에 가하고 마개를 막은 다음 잘 흔들어준다.

⑦ 이때 미반응한 에탄올은 $CaCl_2$수용액에 추출되어 제거되므로 정치시켜 하층 $CaCl_2$ 수용액을 유출시킨다.

⑧ 아세트산에틸(ethyl acetate)을 작은 삼각플라스크에 옮기고 입상 $CaCl_2$ 소량을 가하여 건조시킨다. 약 30분간 건조시킨다.

⑨ 여과지(folded filter paper)로 여과하고 조그마한 증류플라스크에 넣어 증류한다. 이 증류를 할 때 처음 소량의 에테르(b.p. 34~35℃)가 유출되므로 이것은 별도로 회수하고, 무게가 알려진 병에 끓는점 범위 74~79℃의 유분을 모은 후 질량을 잰다.

방법 Ⅱ

① 500mL 둥근바닥 플라스크에 에탄올 20mL와 진한 H_2SO_4 20mL를 가하고, 적하깔때기(dropping funnel) 및 증류장치를 하여 적하깔때기에 알코올 100mL와 아세트산 100mL의 혼합액을 넣고 가열한다.

② 플라스크를 기름중탕(oil bath) 혹은 모래중탕(sand bath) 중에서 130~140℃로 가열하여 끓게 되면 적하깔때기의 코크를 조금 열어 혼액을 서서히 떨어뜨린다. 이때 반응온도를 140℃ 이상 고온으로 가열하면 에틸렌 가스가 부생되어 나온다.

③ 적하깔때기의 혼합액을 모두 가한 후에도 유액이 유출되지 않을 때까지 가열한다. 반응혼합물에서부터 냉각기를 통하여 증류되어 나오는 유출액 중에는 ethyl acetate 외에 미반응 알코올, 아세트산, 아황산 등이 섞여 있다.

④ 유액을 분액깔때기에 옮기고 5% Na_2CO_3용액 10mL를 소량씩 가하여 세척한다. 이것은 유액과 함께 혼재된 아세트산이 불순물로 혼재하므로 이것을 중화시키기 위함이다. 리트머스시험지로 액성을 검사하면서 소량씩 가하는 것이 좋다.

⑤ Na_2CO_3수용액층을 분리하고 남은 여액에 물 20mL에 $CaCl_2$ 20g을 녹인 용액으로 세척하여 분리하고, 그 상층액을 취하여 무수 $CaCl_2$ 3g 정도를 가하여 잠시 방치한다. 이는 미반응의 알코올이 유출되어 나온 액과 혼재될 수 있으므로 이를 제거하기 위함이다.

⑥ 여액을 증류플라스크에 넣어 재증류를 하여 끓는점 범위 74~80℃의 유출액을 모아서 ethyl acetate를 얻는다.

참고 Ethyl acetate의 성질 및 용도

- 무색액체로 사과향을 가짐
- 물에 미량 녹음
- b.p. = 77℃
- 비중 = 0.92
- n_D^{20} = 1.3701
- 분자량 = 88.1
- 용도 : 페인트나 접착제의 용매로 널리 쓰임.

※ 주의사항

에테르와 아세트산에틸은 인화성 물질이므로 화기에 주의를 기울인다.

PROBLEMS

1) 반응물 중 에탄올을 과잉으로 사용하는 이유는?

2) $CaCl_2$ 수용액을 가하는 이유는?

3) 이 실험(에스터화)의 반응에서 물이 빠져나가는 메커니즘을 적으시오. 이때 H_2SO_4의 역할은?

4) 에스터화의 다른 예를 알아내시오.

5) 배, 바나나, 파인애플의 과일향에 들어 있는 에스터를 조사하시오.

6) 수율을 계산하시오.

7) 합성된 아세트산에틸의 IR 스펙트럼을 구하여 문헌치와 비교하시오.

실험 4-9 아세트아닐라이드(Acetanilide)

1. 목적

아닐린에 아세트산무수물과 빙초산을 반응시켜 아닐린에 아세틸기(acetyl group, CH_3CO-)가 도입되는 아실화반응을 합성실험을 통하여 이해한다.

2. 관련지식

유기화합물에 아실기(acyl group, RCO-)를 도입시키는 아실화반응(acylation)은 공업적으로 중요한 유기단위반응 중의 하나이다. 아실화반응은 일반적으로 아미노기(-NH_2)나 하이드록시기(-OH)의 수소를 아실기나 벤조일기(C_6H_5CO-)로 치환하게 된다. 방향족화합물의 아실화반응(Friedel－Crafts 아실화반응)은 방향족탄화수소와 할로젠화아실(RCOX)을 $AlCl_3$ 촉매 하에서 반응시켜 케톤을 합성한다.

본 실험은 아닐린(aniline)에 무수아세트산(acetic anhydride) 혹은 아세트산(acetic acid)을 작용시키고 가열하면 아미노기의 수소가 아세틸기(-$COCH_3$, acetyl group)로 치환되어 아세트아닐라이드(acetanilide)가 생성된다. 이 반응은 아세틸화반응(acetylation)이다.

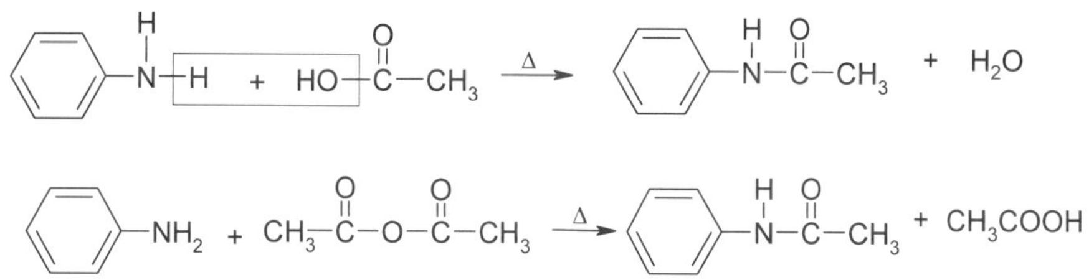

이 반응은 아닐린의 아미노기 중의 수소원자 1개와 아세틸기의 치환반응(아세틸화반응)이 이루어지고 있다. 아세틸화시약(acetylating agents)으로 빙초산(glacial acetic acid)을 사용하면 생성되는 수분에 의해 농도가 묽어지고 반응은 느려진다. 그러므로 반응장치를 잘 선택하여 생성되는 수분을 제거함으로써 반응의 평형을 오른쪽으로 진행시키도록 하면 반응시간을 단축시킬 수 있을 것이다. 아세트산무수물을 사용하면 반응시간이 단축되어 효율이 좋으나

다이아세틸 유도체가 소량 부산물로 생겨날 수 있다. 또한 염화아세틸(acetyl chloride, CH_3COCl)도 아세틸화제로 많이 이용되고 있다. 일반적으로 아세틸화제로서 반응성이 강한 순서는 다음과 같다.

CH_3COCl	〉	$(CH_3CO)_2O$	〉	CH_3COOH
염화아세틸		아세트산무수물		아세트산

아세틸화제로서는 아세트산무수물(acetic anhydride)만을 사용하거나 빙초산(glacial acetic acid)만을 사용할 수도 있고, 아세트산무수물과 빙초산의 혼합액을 사용할 수도 있다. 그러나 이들을 단독으로 사용하는 경우보다 혼합액으로 사용하는 경우가 훨씬 더 아세틸화반응이 용이하게 일어나고 수량도 좋다.

아세틸화는 유기합성에서 각종 유도반응과정에서 산화, 환원되기 쉬운 아미노기 및 하이드록시기를 보호하는데 이용되는 경우가 많다. 이와 같이 아미노기를 보호하는 역할로서도 본 반응은 중요하다.

3. 실험기구 및 시약

(1) 기구 : 150mL 삼각플라스크(Erlenmeyer flask), 환류냉각기(reflux condenser), 비커, 감압여과장치, 가열기, 피펫, 메스실린더

(2) 시약 : 아닐린(aniline), 아세트산무수물(acetic anhydride), 빙초산(glacial acetic acid)

4. 실험방법

방법 I

① 150mL 삼각플라스크에 아닐린 10mL(10.2g)를 넣고, 아세트산무수물(acetic anhydride)과 빙초산(glacial acetic acid)의 혼합액(1 : 1) 20mL를 가한다.

② 환류냉각기(reflux condenser)를 부착하고 30분 동안 혼합물을 끓인다.

③ 뜨거운 반응액을 찬물 200mL 중에 교반하면서 주가하면 아세트아닐라이드(acetanilide)가 결정으로 생겨나게 된다.

④ 결정을 감압여과하고 물로 씻는다.

⑤ (재결정) : 생성된 아세트아닐라이드(crude acetanilide)를 빙초산 : 물 = 1 : 2 비율의 혼합용액(약 60mL 정도)으로 재결정한다.

⑥ 결정을 감압여과하고 용액을 제거한 후 물로 씻고 잘 건조시킨 다음 무게를 잰다.

방법 II

① 150mL 삼각플라스크에 아닐린 50mL와 빙초산 6.5mL를 넣고 환류냉각를 달아 반응장치를 준비한다.

② 범핑(bumping)을 막기 위해 비등석 몇 개를 넣고 3시간 동안 가열한다. 이때, 용융한 염화아연을 넣으면 가열시간을 단축할 수 있다.

③ 찬물 60mL를 담은 비커에 혼합물이 뜨거울 때 교반하면서 부어 넣는다. 이때 결정이 생겨난다.

④ 혼합물을 감압여과하고 거름종이에 있는 결정을 5mL의 찬물로 세척한다.

⑤ 500mL 비커에 아세트아닐라이드 결정을 넣고 물 200mL를 가하여 가열 용해시킨다.

⑥ 이 용액을 가만히 냉각시키면서 변화 상태를 관찰한다. 만일, 기름방울 같은 것이 석출되면 물을 더 가하여 다시 가열 용해시킨 후 냉각한다.

⑦ 결정이 색을 띠고 있으므로 비커에 물 150mL, 활성탄 2g을 넣고 결정을 넣은 다음 5분 이상 가열하고, 보온 여과하여 거름종이에 걸린 활성탄은 소량의 더운 물로 씻어준다.

⑧ 거른 여액을 10분 정도 냉각시켜 정치하면 결정이 석출된다.

⑨ 재결정한 acetanilide를 감압여과하여 거르고, 거름종이에서 가능한 한 압착하여 탈수하여 여러 겹으로 된 큰 거름종이에 옮긴다.

⑩ 결정을 잘 건조시켜 무게를 재고, 녹는점을 측정한다.

참고 Aniline의 성질

- b.p. = 184.4℃
- 비중 = 1.02
- 분자량 = 93.13
- 무색 혹은 담황색으로 특유의 냄새가 있고, 공기 중에서 적갈색으로 변하는 액체이다.
- 피부접촉 시 다량의 물로 씻는다.
- 주용도 : 염료, 고무약품, 의약품, 유기약품, 살균제, 향료 등

참고 Acetic anhydride의 성질

- b.p. = 139℃
- 비중 = 1.08
- 분자량 = 102.1
- 무색투명한 자극성의 액체이다.
- 증기는 코, 목에 자극적이며 기침을 수반한다.
- 피부접촉 시 다량의 물로 씻는다.
- 주용도 : 약품, 향료, 초산에스터섬유, 사진필름 등의 원료

참고 Acetic acid의 성질

- m.p. = 16.6℃
- b.p. = 118℃
- 비중 = 1.05
- 분자량 = 60.1
- 무색투명한 자극성의 액체(식초산)이다.

참고 Acetanilide의 성질 및 용도

- m.p. = 113~115℃
- b.p. = 304~305℃,
- 비중(15°/4℃) = 1.214
- 분자량 = 135.17
- 무색, 무취의 광택이 있는 판 모양의 결정이다.
- 뜨거운 물, 알코올, 에테르 등에 쉽게 녹는다.
- 안정한 화합물로서, 표백분으로 산화되지 않는다.
- 주용도 : 해열작용이 있어서 해열제로 쓰이며, 다른 의약품 및 물감의 제조, H_2O_2의 안정화제, 셀룰로오스에스터 바니스의 첨가제 등에 사용

PROBLEMS

1) 아실화반응(acylation)에 대하여 정리하시오.

2) 아닐린의 아미노기의 수소 1개만 한 개의 아세틸기와 치환반응이 일어나는 이유를 설명하시오.

3) 아세틸화제로 아세트산무수물만을 사용하는 것보다 아세트산무수물+빙초산을 사용하면 유리한 점에 대하여 그 이유를 설명하시오.

4) 수율을 계산하시오.

5) 반응 생성물의 녹는점을 측정하고 문헌치(114℃)와 비교하시오.

6) 합성된 아세트아닐라이드의 IR 스펙트럼을 구하여 문헌치와 비교하시오.

실험 4-10 아세틸살리실산(아스피린)

Acetylsalicylic acid(Aspirin)

1. 목적

살리실산(salicylic acid)의 오쏘(ortho-)위치의 -OH기를 아세틸기(CH_3CO-)로 아세틸화시켜 생긴 아세트산에스터 화합물인 아세틸살리실산(아스피린)의 제조방법을 익힌다.

2. 관련지식

아스피린(aspirin)은 무색결정으로서 해열제, 진통제로 널리 알려져 있다. 1853년 프랑스 화학자 Charles Frederic Gerhardt가 아세틸살리실산(acetylsalicylic acid)을 처음 합성한 이래, 1899년 독일의 Bayer사가 아스피린(aspirin)이라는 상품명으로 판매하기 시작하였다. 이 약은 말라리아의 고열을 완화시켜 주는 효과와 함께 해열 진통제로 널리 사용되고 있으나, 위장의 점막을 자극하는 것으로 알려져 있다.

방향족 화합물인 살리실산(salicylic acid)을 인산(H_3PO_4)촉매 존재 하에서 아세트산무수물(acetic anhydride)로 아세틸화시키면, 살리실산의 -OH기에서 수소 대신 아세틸기(CH_3CO-)로 치환시킨 아세틸화반응에 의해 acetylsalicylic acid(aspirin)가 생성된다. 촉매로서는 H_3PO_4대신 H_2SO_4를 사용할 수 있다.

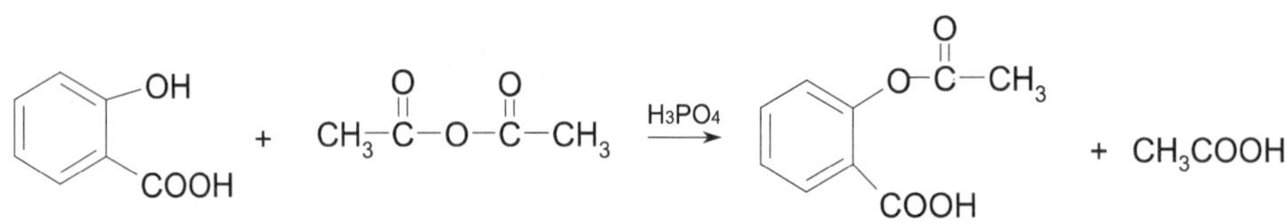

salicylic acid　　acetic anhydride　　acetylsalicylic acid(aspirin)　　acetic acid

아스피린은 과거에 사용해 왔던 진통제인 아세트아닐라이드(acetanilide)보다 독성이 훨씬 적은 것으로 알려져 있다. 아세틸살리실산은 더운 물, 알코올, 에테르에 잘 녹는다.

3. 실험기구 및 시약

1) 기구 : 삼각플라스크(Erlenmeyer flask), 비커, 온도계, 물중탕(water bath), 감압여과장치, 가열기, 피펫, 메스실린더
2) 시약 : 살리실산(salicylic acid), 아세트산무수물(acetic anhydride), 인산(H_3PO_4), 에탄올(C_2H_5OH)

4. 실험방법

① 삼각플라스크(Erlenmeyer flask)에 살리실산(salicylic acid) 10g을 넣고, 아세트산무수물(acetic anhydride) 25mL를 소량씩 플라스크 기벽으로 흘리면서 가하여 플라스크 벽에 묻은 살리실산을 씻어 내린다.

② 85% 인산(H_3PO_4) 약 1mL를 가한다. 이때 반응열로 인하여 온도가 상승하므로 찬물로 냉각시켜 반응액의 온도를 50～60℃에서 유지한다.

③ 반응액을 끓는(때로는 80～90℃) 물중탕(water bath)에서 약 5분간 가열하여 반응을 완결시킨다. 이때 필요하면 환류냉각기를 설치한다.

④ 플라스크를 꺼낸 후 식히지 말고 즉시 물 5mL를 한 번에 넣는다.
이때 과량의 아세트산무수물이 분해되면서 끓게 되며, 이때 초산의 증기가 발생한다.

⑤ 반응액에 냉수 40mL를 넣고 상온에 방치하면 아스피린(aspirin) 결정이 석출된다.
이때 처음에 유상(oil phase)으로 분리되기도 하는데, 유리봉으로 플라스크 벽면을 긁어 주면 결정이 빨리 석출되기도 한다.

⑥ 결정이 보이기 시작하면 얼음 중탕에 넣고 20mL 정도의 찬물을 가한 다음, 결정화가 완결될 때까지 오래 냉각한다.

⑦ 석출된 결정을 감압여과 하고 냉수로 여러 번 세척하여 건조한다.

⑧ 재결정이 필요하면 에탄올과 물 1 : 1 용액으로 재결정을 행한다.

⑨ 무게를 재고 녹는점을 측정한다.

참고 Aspirin의 성질 및 용도

- 화학명 : Acetylsalicylic acid (2-acetoxybenzoic acid)
- m.p. = 134～137℃
- 분자량 = 180.15
- 무색 혹은 흰색 광택이 있는 침상 또는 편상 결정으로 시판되고 있는 아스피린은 녹말과 함께 acetylsalicylic acid을 압축하여 알약으로 만든 것이다.
- 아스피린과 살리실산 용액에 염화제이철($FeCl_3$) 용액을 넣어 주면 살리실산만 보라색을 나타낸다. 이것을 이용하여 아스피린 판별방법으로 사용한다.
- 아스피린은 찬물보다 더운 물에 잘 녹고, 알코올이나 에테르 등에 쉽게 녹는다.
- 용도 : 일반적으로 진통, 해열제로 널리 쓰이나 위장의 점막을 자극하는 것이 문제이다.

PROBLEMS

1) 아스피린을 의약으로 사용할 때는 여러 번 재결정 한다. 그 이유는?

2) H_3PO_4 대신에 H_2SO_4를 쓸 수도 있다. 인산의 역할은?

3) 생성된 아스피린을 온수로 씻지 않고 냉수로 씻는 이유는?

4) 아스피린 결정 3~4개를 시험관에 넣고 물을 5mL 정도 가한다. 여기에 $FeCl_3$용액 3방울을 가하여 그 결과를 관찰하면 어떠한가?
살리실산에 대해서도 같은 실험을 반복해보시오.

5) 아스피린을 습한 장소에 오래 보관하면 식초냄새가 나는데 그 이유는?

6) 실험에서 생성한 아스피린의 수율을 계산하시오.

7) 생성한 아스피린의 녹는점을 측정하시오.

8) 합성된 아스피린의 IR 스펙트럼을 구하여 문헌치와 비교하시오.

실험 4-11 다이아조아미노벤젠(Diazoaminobenzene)

1. 목적

다이아조화와 짝지음반응에 의하여 염료를 합성함과 동시에 이 반응에 미치는 여러 가지 반응조건을 검토하여 이들 반응의 공업적인 활용도를 이해한다.

2. 관련지식

염료 및 유기안료 중에 가장 큰 비율을 차지하고 있는 아조화합물(azocompound)의 제조에 있어서 다이아조화(diazotization) 및 짝지음반응(coupling reaction)은 대단히 중요하다. 방향족 1차 아민(Ar-NH_2)은 산(HCl, H_2SO_4) 존재 하에서 아질산나트륨($NaNO_2$)과 반응하여 아릴다이아조늄염(aryldiazonium salt, 예 : Ar－N=N－Cl)을 생성하는데 이를 다이아조화반응(diazotization)이라 한다. 다이아조늄염은 방향족 아민이나 페놀류 화합물과 반응하여 아조기(azo group, -N=N-)를 가진 아조화합물을 형성하는데 이를 짝지음반응(커플링반응, coupling reaction)이라고 한다. 이 화합물은 색깔을 띠고 있어 염료로도 이용한다.

아닐린(aniline)에 아질산나트륨($NaNO_2$)과 황산을 작용시키면 페닐다이아조늄염을 만들고, 이 다이아조늄염을 아닐린과 짝지음반응(coupling)시키면 다이아조아미노벤젠(diazoamino-benzene)이 생성된다.

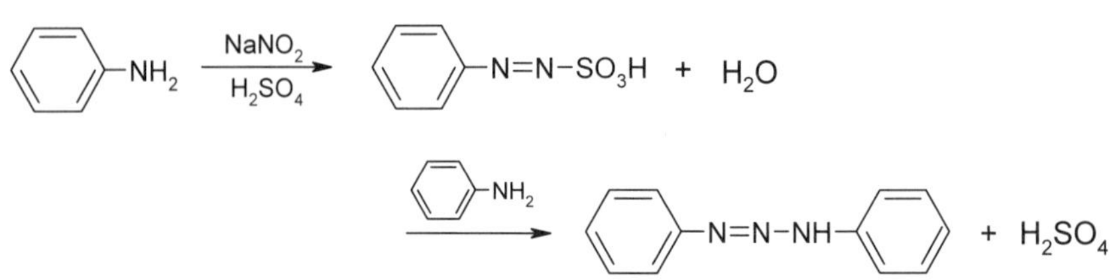

일반적으로 다이아조늄(diazonium) 화합물은 용이하게 분해하므로 냉각시키면서 행한다. 그러나 본 실험은 생성된 다이아조늄화합물이 분해에 앞서 아닐린의 아미노기에서 짝지움(coupling)이 쉽게(30℃에서) 일어남을 이용한 것으로, 반응물질로서 아질산나트륨($NaNO_2$) 1

당량에 대하여 아닐린 2당량을 미리 가하고 30℃에서 반응시키는 것이다.

3. 실험기구 및 시약

(1) 기구 : 비커, 물중탕(water bath), 온도계, 감압여과장치, 가열기, 피펫, 메스실린더
(2) 시약 : 아닐린(C_6H_5-NH_2), 진한 황산(conc. H_2SO_4), 아질산나트륨($NaNO_2$)

4. 실험방법

① 600mL 비커에 증류수 350mL를 넣고, 진한 황산(conc-H_2SO_4) 2mL를 넣어 용해시키고 아닐린 12mL를 가한다.
② 물중탕으로 반응물의 온도를 30℃에서 유지시킨다.
③ 여기에 아질산나트륨($NaNO_2$) 4.5g을 물 15mL에 녹인 용액을 30초에 1mL씩 가하는 속도로 때때로 교반하면서 적가한다.
④ 다 가한 후에는 다시 용액을 30℃에서 가끔 교반하면서 15분간 가온한다.
⑤ 용액을 냉각시키고 침전된 다이아조아미노벤젠(diazoaminobenzene)을 흡인여과하고, 침전은 여과지에 방치하여 건조시킨다(이렇게 얻은 diazoaminobenzene은 거의 순수하고 수량은 약 11g 정도).
⑥ 수율을 계산한다.

참고 Diazoaminobenzene의 성질

- 황색결정
- 융점 98℃
- 일광에 노출하면 암갈색으로 변한다.
- 물에 녹지 않고 기름에 용해한다.

PROBLEMS

1) 다이아조화반응과 짝지움반응에 대하여 설명하시오.

2) 염료의 종류를 들고, 각 염료분자의 구조적 차이를 설명하시오.

3) 생성된 다이아조아미노벤젠의 수율(yield)을 계산하시오.

4) 다이아조아미노벤젠의 녹는점을 측정하시오.

5) 합성된 화합물의 IR 스펙트럼을 구하여 문헌치와 비교하시오.

실험 4-12 메틸오렌지(Methyl orange)

1. 목적

설파닐산(sulfanilic acid)의 나트륨염을 다이아조화하여 생성된 다이아조늄염(diazonium salt)과 다이메틸아닐린(dimethyl aniline)을 짝지움(coupling)시켜 pH에 따라 변색하는 지시약 메틸오렌지(methyl orange)를 만들어서 다이아조화반응과 짝지음반응에 대한 이해를 한다.

2. 관련지식

메틸오렌지(methyl orange, sodium *p*-dimethyl aminoazo benzene *p'*-sulfonate)의 제조방법은 다음과 같이 다이아조화반응(diazotization)과 짝지움반응(coupling reaction)으로 진행된다.

(1) 다이아조화반응

① 설파닐산에 탄산나트륨을 가하여 수용성의 Na염인 설파닐산나트륨 제조
② 설파닐산나트륨과 아질산나트륨 및 염산을 반응시켜 다이아조늄설폰산염 제조

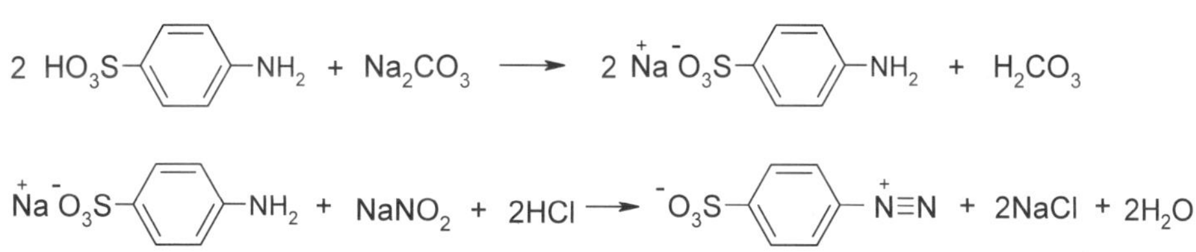

(2) 짝지음반응

다이아조늄설폰산염과 *N,N*-다이메틸아닐린을 산성용액에서 짝지움반응 시킨 다음, 알칼리로 처리하여 메틸오렌지 제조

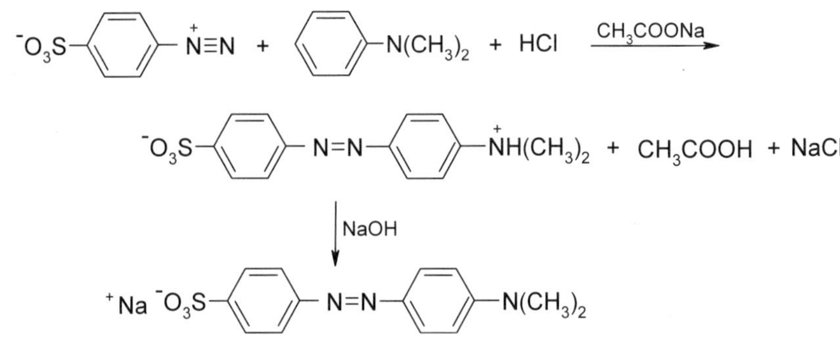

다이아조화반응은 방향족 1차 아민에 아질산나트륨($NaNO_2$)과 산(일반적으로 염산이나 황산)을 작용시키고 반응온도를 0~5℃에서 냉각시켜 이온성인 다이아조늄설폰산염을 생성하는 반응이다. 대부분의 다이아조늄염은 5~10℃ 이상에서 불안정하며, 건조할 경우 작은 충격에도 폭발하는 위험한 물질이지만 용액상태에서는 전혀 이와 같은 위험성이 없어 다음 반응을 원만히 진행시킬 수 있다. 짝지움반응(coupling reaction)은 다아조늄 화합물과 페놀이나 3차 아릴아민 등 반응성이 큰 방향족 화합물과 반응하여 아조화합물을 만드는 반응으로서 특히 아조염료합성에 이용된다. 일반적으로 짝지움반응은 페놀과 아릴유도체의 파라(para-)위치가 열려 있으면 거의 전적으로 파라(para-)위치에서 일어나며, 그렇지 않으면 오쏘(ortho-)위치에서 일어난다.

3. 실험기구 및 시약

(1) 기구 : 비커, 물(얼음)중탕, 온도계, 감압여과장치, 메스실린더, 피펫, 가열기, 전자저울

(2) 시약 : 탄산나트륨(Na_2CO_3), 설파닐산($C_6H_7NO_3S$), 아질산나트륨($NaNO_2$), 진한 염산(conc. HCl), 녹말(starch), 요오드화칼륨(KI), 아세트산나트륨(CH_3COONa), *N,N*-다이메틸아닐린(*N,N*-dimethylaniline), 질산(HNO_3), 수산화나트륨(NaOH), 염화나트륨(NaCl)

4. 실험방법

(1) 다이아조화반응

① 500mL 비커에 무수 탄산나트륨(Na_2CO_3) 1.4g을 물 50mL에 용해시키고, 여기에 설파닐산(sulfanilic acid) 5g을 교반하면서 가한다.
이때 필요하면 물중탕에서 약간 가열하여 완전히 녹인다.

② 얼음중탕으로 냉각하여 0～5℃로 유지하면서 따로 비커에 물 10mL를 넣고, 아질산나트륨($NaNO_2$) 1.9g을 용해시킨 용액의 3/4을 위 용액에 교반하면서 주가한다.

③ 진한 염산 5mL를 물 20mL에 희석한 용액을 교반하면서 천천히 가하여 다이아조화반응을 완결시킨다. 다이아조화반응의 완결여부는 녹말－요오드 시험지(starch potassium iodide paper)로 시험하여[1] 청색으로 변하지 않으면 $NaNO_2$ 용액을 더 가해 준다.

> **참고** 전분지에 의한 시험의 목적은 첫째로 다이아조화의 완결여부를 알 수 있고, 둘째로는 대과잉의 HNO_2를 피하기 위함이다. 시험방법은 유리봉으로 반응액을 찍어서 그 액 1방울을 3～4방울의 물로서 묽게 한 후 시험지를 대어서 즉시(1～2초) 청색으로 변하지 않으면 $NaNO_2$용액의 적가를 계속할 것이며, 약간 과잉이 되었다고 생각될 때 적가를 중지한다. 시험지를 대어서 한참 후 청색으로 변하는 것은 진한 염산만으로도 일어나기 때문에 이 시험은 좀 숙달을 요한다. 반응은 KI와 HNO_2가 반응하여 유리된 옥소가 반응하는 것이다.

④ 물 15mL에 아세트산나트륨(CH_3COONa) 6g을 녹인 용액을 다시 가한다.

(2) 짝지움반응

① *N,N*-다이메틸아닐린(*N,N*-dimethylaniline) 3.2mL를 진한 질산 6mL와 물 24mL에 희석한 용액에 가하여 dimethylaniline hydrochloride를 만들어 빙냉하고, 냉각해놓은 (1)의 diazotized sulfanilic acid 현탁액에 교반하면서 가한다.

② 10분간 계속 교반하면서 냉각상태를 유지한다.

③ 이 혼합액을 25% NaOH용액 35mL를 교반하면서 서서히 가하면 반응액이 황등색으로 되어 나트륨염인 메틸오렌지(methyl orange)가 생성된다.

---

1) Starch-KI paper제조 : 1% KI용액에 여과지 조각을 적셨다가 이것을 다시 콜로이드상의 전분(starch) 용액에 적신 후 건조시킨다.

④ 물중탕에서 가열하여 약 10분간 끓인 후 얼음물에 냉각한 후 감압여과한다.

⑤ 약 10% 소금물 30mL로 결정을 세척한 후 건조하여 무게를 단다.

참고 Methyl orange의 성질

- 화학명 : sodium *p*-dimethylaminoazobenzene *p'*-sulfonate
- 광택이 있는 보라색 결정성 분말이다.
- m.p. = 115℃
- 분자량 = 327.33
- 중화적정 지시약으로 약산의 염을 강산으로 적정하는 경우에 적합하다.
  (적색 3.1～황색 4.4)

PROBLEMS

1) 시험관에 합성한 메틸오렌지 결정 소량과 약간의 물을 넣고 녹인 후, 또 다른 시험관에 묽은 염산 용액을 넣고 메틸오렌지 용액 한두 방울 떨어뜨려 색의 변화를 관찰하시오.

2) 시험관에 묽은 수산화나트륨 용액을 넣고 메틸오렌지 용액 한두 방울을 적가하여 색의 변화를 관찰하시오.

3) 생성된 메틸오렌지의 수율을 계산하시오.

4) 합성한 메틸오렌지의 녹는점을 측정하시오.

5) 합성된 메틸오렌지의 IR 스펙트럼을 구하여 문헌치와 비교하시오.

실험 4-13 아이오도벤젠(Iodobenzene)

1. 목적

다이아조늄염을 아이오도화칼륨(KI)과 반응시켜 요오드화벤젠(iodobenzene)을 만드는 할로젠화반응을 실험을 통하여 이해한다.

2. 관련지식

다이아조늄기는 할로젠화 이온과 사이아나이드 이온 등에 의하여 질소가 이탈되어 여러 가지 기로 치환된다. 즉, 다이아조늄염(diazonium salt)용액을 할로젠화구리($CuCl_2$, $CuBr_2$)와 반응시키면 다이아조늄기가 할로젠으로 치환되고, 사이아나이드이온(CN^-)에 의하여 사이아나이드기가 도입되고, 산 존재 하에서 물과 반응하여 페놀이 생성되며, 아이오도화칼륨(KI)과 반응하여 요오드가 도입되는 반응을 Sandmyer반응이라 한다.

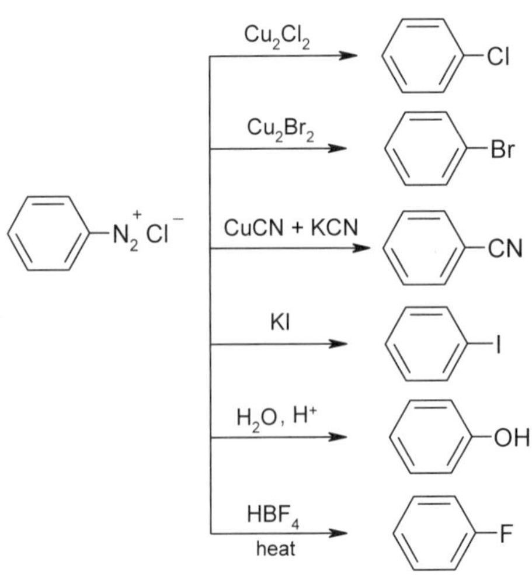

본 실험에서는 아닐린(aniline)을 아질산나트륨($NaNO_2$)과 염산으로 다이아조화 하고, 여기서 생성된 phenyldiazonium chloride 염에 요오드화칼륨(KI)을 작용시킨 후 가열하여 아이오도벤젠(iodobenzene)을 합성한다.

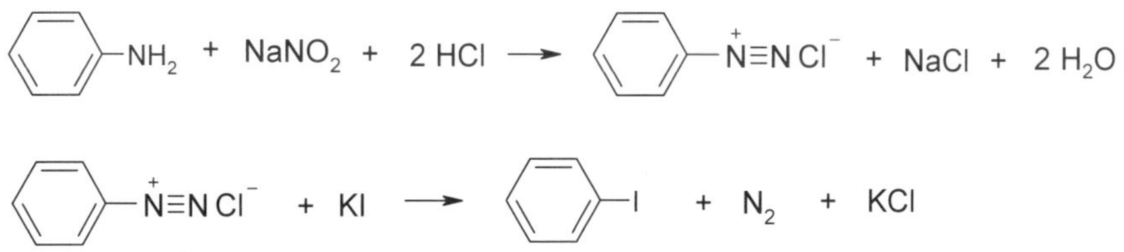

3. 실험기구 및 시약

(1) 기구 : 250mL 삼각플라스크 , 물중탕(water bath), 온도계, 수은온도계(250℃), 600mL 둥근바닥 플라스크, 수증기증류장치, 삼각깔때기, 여과지, 60mL 증류 플라스크, 가열기, 메스실린더, 피펫

(2) 약품 : 진한 염산(conc. HCl), 아닐린(C_6H_5-NH_2), 아질산나트륨($NaNO_2$), 아이오도화칼륨(KI), 수산화나트륨(NaOH), 싸이오황산나트륨($Na_2S_2O_3$), 염화칼슘($CaCl_2$)

4. 실험방법

① 250mL 삼각플라스크에 물 40mL와 진한 염산 40mL를 가해서 혼합한 후 아닐린 15mL (15.4g)를 가해서 용해시킨다.

② 플라스크를 물중탕 중에 넣어 냉각시키고, 반응액 중에 온도계를 넣어 교반하면서 5℃ 이하로 냉각시킨다.

③ 여기에 $NaNO_2$ 12.5g을 물 30mL에 녹인 용액을 2~3mL씩 온도계로 교반하면서 첨가한다. 이때 반응열로 인해 온도가 상승하므로 2~3mL를 첨가할 때마다 교반하면서 온도를 5℃ 이하로 냉각시키고 다시 2~3mL씩 가하도록 하며, 반응열로 인해서 온도가 상승할 때라도 10℃를 초과하지 않도록 주의한다.

④ $NaNO_2$용액을 다 가하여 잘 교반한 후 플라스크 내의 다이아조늄염의 차가운 용액을 600mL 둥근바닥 플라스크에 옮기고, 여기에 KI 35g을 물 50mL에 녹인 용액을 서서히 주가한다.

⑤ 격렬한 반응이 일어나고 N_2가 발생하며 I_2가 약간 유리된다($NaNO_2$가 약간 과잉이므로). 반응혼합물을 10분 동안 방치한 후(방치 중 때때로 흔든다) 끓는 물 중탕 중에서 20분 동안 가열하여 반응을 완결시킨다.

생성된 iodobenzene은 무거운 암갈색 유상물질로서 플라스크의 밑에 석출된다.

⑥ 여기에 10% NaOH용액을 가해서 알칼리성으로 한다.

⑦ 그 다음 플라스크의 알칼리성 반응액을 수증기증류 한다. 이때 증류는 유출액 중에 iodobenzene의 기름방울이 나오지 않을 때까지 행한다.

⑧ 유출액을 분액깔때기에 옮겨 묽은 싸이오황산나트륨(sodum thiosulfate, $Na_2S_2O_3$)용액을 소량 가해서 흔들면 담황색 유상이 된다.

⑨ 이것을 분리해서 삼각플라스크에 취하고 염화칼슘($CaCl_2$) 소량을 넣어 흔든 후 방치하여 두면 투명하게 건조된다.

⑩ 이를 여과지를 사용해서 여과한 후 60mL 증류 플라스크에 넣어 공기냉각기를 달고 서서히 증류하여 끓는점 185~190℃ 범위의 유분을 취한다.

참고 Iodobenzene의 성질

- 무색액체로 바로 증류한 것은 무색이지만 일광에 노출하면 차차 담황색으로 변화된다.
- 물에는 녹지 않으나 알코올, 에테르, 클로로폼과는 섞인다.
- 비점 = 188℃
- 비중 = 1.838
- 분자량 = 248

PROBLEMS

1) Sandmyer반응에서 다이아조늄염에 할로젠화제일구리 대신에 금속구리를 사용하는 경우의 반응식을 적으시오(Gattermann반응).

2) 아닐린의 다이아조화반응에서 온도를 5℃ 이하로 유지시키는 이유는 무엇인가?

3) 반응생성 혼합액을 알칼리용액으로 만드는 이유는 무엇인가?

4) 수율을 계산하시오.

5) 합성한 아이오도벤젠의 IR 스펙트럼을 구하여 문헌치와 비교하시오

실험 4-14 벤질알코올과 벤조산
(Benzyl alcohol & Benzoic acid)

1. 목적

산화반응과 환원반응이 동시에 일어나는 Cannizzaro반응을 이해한다.

2. 관련지식

활성을 띠는 α-수소[2]가 없는 알데하이드(aldehyde)에 진한 알칼리를 작용시키면 알데하이드기(-CHO) 중의 카보닐기(-C=O)로 인해서 환원생성물인 알코올과 산화생성물인 카복실산이 동시에 생겨난다. 이와 같이 산화와 환원이 동시에 일어나는 반응을 Cannizzaro반응 또는 불균등화(disproportionation)반응이라 한다.

예를 들면, 벤즈알데하이드(benzaldehyde) 2분자에 강한 알칼리(NaOH 등)를 작용시키면 1분자는 산화되어 벤조산나트륨염(sodium benzoate)이 되고 1분자는 환원되어 벤질알코올(benzyl alcohol)이 만들어지며, 이는 Cannizzaro반응의 일례이다.

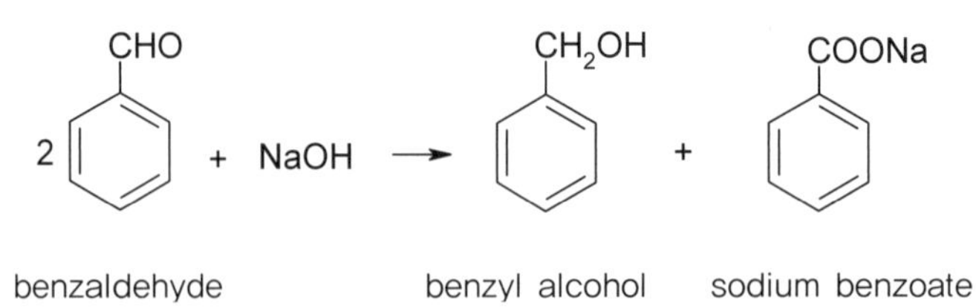

생성되는 반응혼합물 중에서 벤질알코올은 에테르(ether)로 추출하여 분리한 후 증류하여 정제하고 나머지 수용액층에 용해되어 있는 벤조산나트륨(sodium benzoate)은 진한 질산을 작용시켜 벤조산(benzoic acid)을 침전시킨 후 여과하여 분리한다.

---

2) 카보닐기(-C=O)를 가진 화합물에서 카보닐기 바로 옆의 탄소부터 차례로 α, β, γ, δ … 라 하고, α-탄소에 붙은 수소를 α-수소라 한다.

3. 실험기구 및 시약

1) 기구 : 250mL 시약병(마개), 분액깔때기(separatory funnel), 삼각플라스크(Erlenmeyer flask), 증류 플라스크, 공기냉각기(air cooling condenser), 수은온도계, 가열기, 비커, 메스실린더, 피펫, 전자저울
2) 시약 : 벤즈알데하이드(C_6H_5-CHO), 수산화나트륨(NaOH), 다이에틸에테르($C_2H_5OC_2H_5$), 탄산칼슘($CaCO_3$ 혹은 Na_2SO_4), 진한 염산(conc. HCl)

4. 실험방법

① 작은 비커에 물 20mL를 취하고 찬물로 냉각시키면서 NaOH 27g을 용해시킨다. 발열하므로 용해시킨 후 다시 잘 냉각시킨다.

② 이 NaOH용액을 약 250mL의 마개달린 시약병에 옮기고 벤즈알데하이드(benzaldehyde) 30mL(31.5g)을 가한 후 마개를 막고 세게 흔든다. 처음에는 에멜젼(emulsion)이 되었다가 나중에는 paste상이 된다. 이것을 하룻밤 방치한다.

(주의) 하룻밤 방치를 하지 않으면 수량은 몹시 적다. 따라서 이 조작까지의 실험을 하루 전날에 행하여 보관해 두는 것이 좋다.

③ 약 100mL의 물을 가하고 고체를 전부 용해시킨다.

④ 이 용액을 분액깔때기에 옮기고 다이에틸에테르(diethyl ether) 소량(약 20mL 정도)을 가해서 추출한 후, 하층 수용액을 삼각 플라스크에 유출시키고, 상층 에테르추출액은 다른 삼각 플라스크에 옮긴다.

⑤ (분액깔때기의 윗 주둥이를 통해서) 수용액부를 다시 분액깔때기에 넣고 ④에서 같이 추출을 반복한 후 하층 수용액을 삼각 플라스크에 유출시켜 전회의 수용액과 합하여 두고, 상층 에테르용액은 전회의 에테르용액과 합한다.

⑥ 이 에테르용액에 무수 $CaCO_3$(또는 무수Na_2SO_4)를 소량(4～5g) 가해서 잘 흔든 후 방치하여 건조시킨다.

⑦ 증류장치로 고쳐 증류하여 에테르를 회수한다.

(주의) 에테르는 인화성이 몹시 크므로 세심한 주의를 요한다.

⑧ 에테르의 유출이 끝나면 (필요에 따라 작은 증류플라스크에 옮겨) 수냉 냉각관을 공기냉각관(air cooling condenser)으로 대치하여 증류하여 끓는점 200～207℃의 벤질알코올(benzyl alcohol) 유분을 분리한다.

⑨ 앞의 ④, ⑤에서 에테르층과 분리한 수용액에 진한 염산(HCl)을 과잉으로 교반하면서 가하여 벤조산(benzoic acid)의 백색침전 생성을 완결시킨다.

⑩ 침전을 감압여과한 후 건조시킨다

참고 성질 및 물성

Benzyl alcohol

- 무색액체, 물에 미량 용해한다.
- 비점 = 205℃
- 비중 = 1.04

Benzoic acid

- 벤조산(안식향산)은 무색 또는 백색의 침상 혹은 비늘상의 고체
- 승화되기 쉽다.
- 알코올, 에테르, 벤젠, 이황화탄소 등에 잘 녹는다.
- 녹는점 = 121℃

PROBLEMS

1. Cannizzaro반응을 설명하고 예를 드시오.

2. Furfural에 진한 KOH를 가하면 어떤 반응이 일어나는가? 화학반응식으로 설명하시오.

3. 생성된 벤조산(benzoic acid)의 녹는점을 측정하시오.

4. 수율을 계산하시오.

5. 생성된 벤질알코올 몇 방울에 1mL의 염산-염화아연 시약을 가하여 Lucas시험(제3장 참조)을 실시하시오.

6. 제조한 벤조산 및 벤질알코올을 가능하면 분광학적방법(IR, NMR 등)으로 확인해 보시오.

실험 4-15 벤즈아마이드와 벤조산 (Benzamide & Benzoic acid)

1. 목적

방향족 아마이드(amide)의 제조방법 중에서 방향족산 염화물인 염화벤조일(benzoyl chloride)과 NH_4OH를 작용시켜 벤즈아마이드(benzamide)를 합성하고, 벤즈아마이드를 가수분해하여 벤조산(benzoic acid)을 제조한다.

2. 관련지식

아마이드(amide)는 카복실산(RCOOH)의 -OH기가 아미노기($-NH_2$)로 치환된 화합물로서 1차 아마이드($RCONH_2$), 2차 아마이드(R_2CONH), 3차 아마이드(R_3CON)로 나눈다. 방향족 아마이는 알킬기(R) 대신에 아릴기(Ar)기가 붙어 있는 화합물이다. 아마이드는 카복실산 유도체 중에서 반응성이 가장 약한 화합물로 자연계 중에서 많이 존재하며, 가장 중요한 아마이드 화합물은 단백질(protein)이다.

아마이드의 제법은 카복실산, 에스터, 산염화물 또는 산무수물 등을 암모니아와 반응시키면 아마이드가 생성된다.

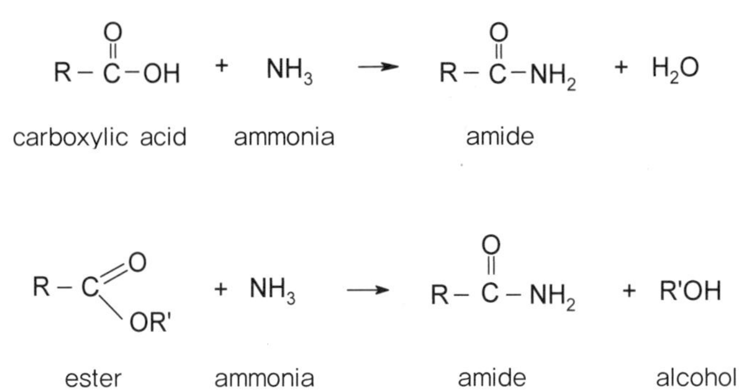

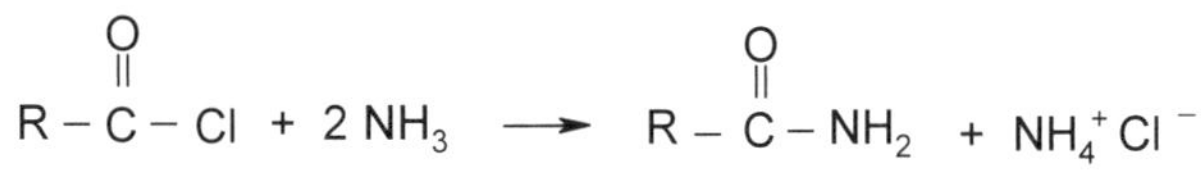

acyl chloride　ammonia　amide　ammonium chloride

acid anhydride　ammonia　amide　carboxylic acid

산염화물에 NH_3를 작용시켜 아마이드를 얻는 방법이 용이하고 수율도 좋다. 본 실험에서는 염화벤조일(benzoyl chloride)에 NH_4OH를 반응시켜 벤즈아마이드(benzamide)의 무색결정이 쉽게 생성된다.

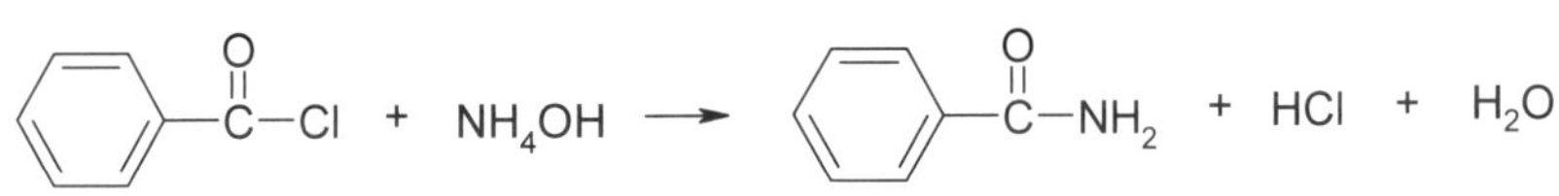

염화벤조일　수산화암모늄　벤즈아마이드

벤즈아마이드(benzamide)를 산성이나 알칼리 용액에서 가수분해하면 벤조산(benzoic acid)과 암모니아가 생성된다.

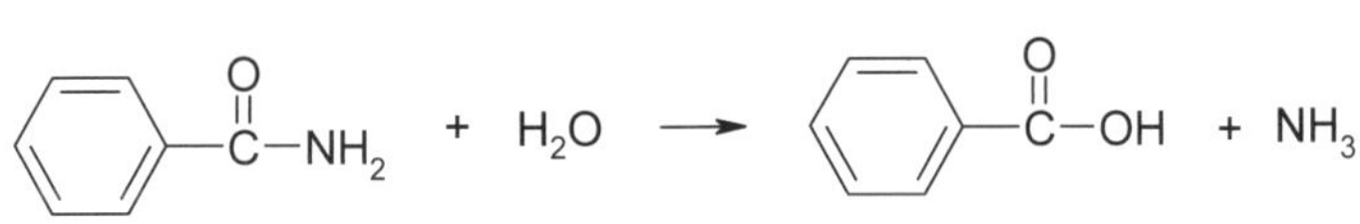

3. 실험기구 및 시약

(1) 기구 : 200mL 마개달린 삼각플라스크, 감압여과장치, 환류냉각기(reflux condenser), 리트머스 시험지, 비커, 피펫, 메스실린더, 전자저울

(2) 약품 : 암모니아수(NH_4OH), 염화벤조일(C_6H_5-COCl), 수산화나트륨(NaOH), 진한 염산(conc. HCl)

4. 실험방법

(1) 벤즈아마이드 합성

① 200mL 마개 달린 삼각플라스크에 진한 암모니아수(NH_4OH, 비중 0.88) 25mL와 물 50mL를 가하고, 염화벤조일(benzoyl chloride) 10mL(12.1g)을 가한 후 마개를 막고 처음에는 천천히 나중에는 격렬히 흔든다.
이때 발열로 플라스크 내에 압력이 생기므로 때때로 마개를 뽑아 압력을 제거한다.
② 약 15분 간 흔들면 유상인 염화벤조일(benzoyl chloride)이 반응하여 벤즈아마이드(benzamide)가 무색결정으로 석출된다.
③ 이 결정을 감압여과하고 물로 씻는다.
④ (재결정) : 재결정은 뜨거운 물로 행한 후 감압여과하여 결정을 여과지 사이에 끼워 건조시킨다.
⑤ 생성된 벤즈아마이드의 무게를 잰다.

(2) 벤즈아마이드의 가수분해로부터 벤조산의 합성

① 200mL 삼각플라스크에 벤즈아마이드(benzamide) 3g을 취하고 10% NaOH용액 50mL를 가한 후, 환류냉각기를 달고 30분간 서서히 끓인다.
이 과정 중 NH_3의 발생을 볼 수 있다(적색 Litmus 시험지를 물에 적셔 냉각기 끝에 대어 보아 청색으로 변하는 것으로 NH_3의 발생을 알 수 있다).
② 다음 냉각기를 제거하고 2~3분간 온도를 약간 상승시켜 NH_3를 완전히 추출시킨다.
③ 반응액을 얼음냉각(ice cooling)하고, 여기에 진한 염산을 강산성이 될 때까지 가하면 벤조산(benzoic acid)이 석출된다.
④ 결정의 석출을 완결시키기 위해서 수분 간 얼음냉각시킨다.
⑤ 결정을 감압여과하고 물로 씻은 후 건조시킨다.
⑥ (재결정) : 뜨거운 물로 행한다.
⑦ 재결정이 끝나면 결정을 감압여과한 후 여과지 사이에 끼워 건조시킨다.
⑧ 벤조산의 무게를 잰다.

참고 벤즈아마이드 물성

- 화학명 : benzamide, benzoylamide, benzenecaboxamide
- 무색결정
- 물에 대한 용해도 = 1g/74mL H_2O
- 융점 = 130℃
- 분자량 = 121.14

참고 벤조산 물성

- 화학명 : benzoic acid, benzenecarboxylic acid
- 무색결정
- 융점 = 122.4℃
- 비중 = 1.321
- 분자량 = 122.12

PROBLEMS

1) 아마이드(amide)의 제조법에 대하여 논하시오.

2) 생성된 benzamide와 benzoic acid의 수율을 계산하시오.

3) Benzamide 및 benzoic acid의 녹는점을 측정하시오.

4) 합성한 벤즈아마이드 및 벤조산의 IR 스펙트럼을 얻은 후 문헌치와 비교해보시오.

실험 4-16 화장크림 제조

1. 목적

화장품에 대한 기초지식을 익히고 스테아르산을 이용한 화장크림의 제조법을 배운다.

2. 관련지식

화장품은 사람의 몸을 청결히 하고, 아름답게 하고, 매력을 증가시키고, 용모를 변화시켜주기 위해 사용하는 물품, 또는 피부 혹은 모발을 건강하게 유지하기 위하여 신체에 바르거나 뿌리거나 그밖에 이와 유사한 방법으로 사용하는 인체에 대한 작용이 적은 것을 말한다. 화장품과 의약품의 차이점으로는 화장품은 '인체에 대한 약기적인 효과가 비교적 적은 것'을 가리키는 것으로 일상생활에서 매일 또는 장기간에 걸쳐 사용되기 때문에 모든 조건을 고려하여 사용상 안정해야 하며 부작용은 허용되지 않는다. 이에 비하여 의사가 사용하는 의약품은 질병시에만 사용하는 것이므로 병의 치료가 제일 목적이고, 치료 시 효능이 우선되며, 이에 따르는 약간의 부작용이 불가피한 경우가 있다. 정상인이 사용하는 물품 중에 화장품 외에 의약외품은 어느 정도의 약리학적 효능, 효과를 나타내는 물품으로 그 예로는 육모제, 염모제, 탈색제, 제모제, 체취방지제, 치약 등이 있다. 의약외품도 화장품과 마찬가지로 부작용이 없어야 한다. 화장품 중에서 전문적인 기능을 갖는 제품을 기능성화장품(cosmeceuticals)이라 하며, 이것은 화장품과 의약외품과 중간적인 제품으로 피부의 색을 희게 해주는 미백화장품, 피부주름개선 및 탄력을 증진시켜주는 노화억제 화장품, 피부를 타지 않게 해주는 선스크린 화장품, 피부를 갈색으로 태워주는 선탠(suntan) 화장품 등이 있다.

화장품의 종류는 클렌징, 화장수, 로션, 크림, 에센스 등과 같은 기초화장품과 파운데이션, 파우더, 립스틱 등의 메이크업 화장품, 그리고 정발제, 헤어트리트먼트, 염모제 등과 같은 모발화장품 등으로 구분된다.

크림(cream)은 피부에 촉촉함을 주고 외부의 자극으로부터 피부를 보호하기 위해 사용하는 것으로 피부의 보습 및 유연기능을 갖게 한다. 크림의 구성성분은 유성성분, 수성성분, 계면활성제, 킬레이트제, 향료, 방부제, 약제 등으로 구성되어 있으며, 유화형태에 따라 O/W형(oil in water type), W/O형(water in oil type)으로 나눈다.

바니싱크림(vanishing cream)은 피부에 문지르면 스며들어 없어진다고 하여 vanishing(없어진다는 뜻)크림이라고 한다. 바니싱크림은 물과 스테아르산(혹은 고급알코올, 스테아르산 모노글리세린 등)의 유화계(O/W형)이다. 제법은 스테아르산(stearic acid, octadecanoic acid, $CH_3(CH_2)_{16}$ COOH)에 수산화칼륨(KOH)이나 탄산칼륨(K_2CO_3)을 반응시켜 제조한다.

콜드크림(cold cream)은 유지, 왁스 등을 붕사(sodium borate, $Na_2B_4O_7$)와 반응시켜 제조한다. 이것은 피부에 발랐을 때 시원한 느낌이 든다하여 콜드(cold)크림으로 불렸다고도 하고 추울 때 주로 사용한다고 하여 콜드크림이라 했다고도 한다.

3. 실험기구 및 시약

(1) 기구 : 비커, 물중탕, 유리막대, 스포이드, 온도계

(2) 시약 : 스테아르산($C_{17}H_{35}COOH$), 수산화칼륨(KOH), 글리세린(glycerine), 향료, 밀납(wax), 피마자유, 에틸렌글라이콜(HO-CH_2-CH_2-OH), 라놀린(lanoline), 올리브유(olive oil), 붕사($Na_2B_4O_7 \cdot 10H_2O$)

4. 실험방법

(1) 바니싱크림(vanishing cream)

① A액 : 500mL 비커에 스테아르산(stearic acid) 15g을 넣고 75~85℃의 물중탕에서 녹인다.

② B액 : 200mL 비커에 증류수 75mL를 취하여 KOH 0.7g, 글리세린 10mL를 녹인 다음 80~90℃로 가열한다.

③ B액을 A액에 서서히 교반하면서 소량씩 가한다.

④ 혼합액을 40℃ 정도로 냉각하여 향료 0.2~0.4g을 넣는다.

(2) 콜드크림(cold cream)

① A액 : 500mL 비커에 밀납(wax) 9g, 스테아르산 2g, 피마자유 4g, 에틸렌글라이콜(ethylene glycol) 10mL, 라놀린(lanoline) 1g, 올리브유 4g을 넣고 약 70℃의 물중탕에서 균일하게 녹인다.

② B액 : 200mL 비커에 붕사(borax, $Na_2B_4O_7 \cdot 10H_2O$) 0.5g을 증류수 10mL에 녹이고 70℃로 가온한다.

③ A액에 B액을 소량씩 서서히 유리봉으로 교반하면서 유화시킨다. 교반을 잘 해주면 유리봉에 묻은 크림이 실같이 흘러내린다.

④ 혼합액을 40℃ 정도로 냉각한 다음 향료를 적당량 가한다.

PROBLEMS

1) 실험과정을 관찰하여 정리 · 기록하시오.

2) 스테아르산과 수산화칼륨과의 반응식을 적으시오.

3) 합성된 크림의 유화형태가 무슨 형(O/W, W/O)인지를 검토하시오.

실험 4-17 합성세제 제조

1. 목적

계면활성제에 대한 기초지식을 익히고 라우릴알코올을 이용한 중성세제를 만들어 세제의 일반적 성질을 배운다.

2. 관련지식

계면활성제는 '표면활성제(surface active agent)'로 surfactants라고도 한다. 계면활성제의 화학적 구조는 한 분자 내에 기름과 친한 소수성(疏水性) 원자단(hydrophobic group)과 물과 친한 친수성(親水性) 원자단(hydrophilic group)이 공존하는 화합물이다. 소수성부분은 긴 탄화수소 사슬을 가지고 있어 기름에의 용해성을 증가시키게 되며, 친수성부분은 물에의 용해성을 증가시키게 된다. 계면활성제의 분자구조는 간단하게 그림 4-2와 같이 나타내기도 한다. 예를 들면, 비누로서 스테아르산 나트륨(sodium stearate)은 다음과 같은 분자구조를 가지고 있다.

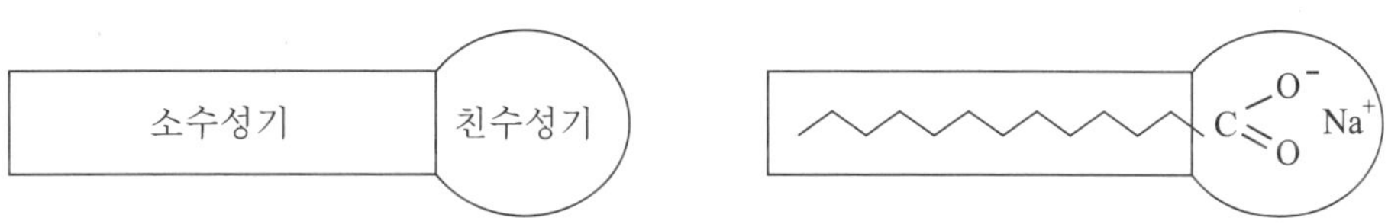

그림 4-2 계면활성제의 분자구조

소수성기(친유성기)는 물에 녹지 않고 유기용매에 잘 녹는 비극성 탄화수소기로 보통 C_{12}~C_{18}의 파라핀계 사슬이고 친수성기는 물과 수소결합 등에 의하여 물에 녹기 쉬운 극성기이다. 대표적인 소수성기와 친수성기는 다음 표 4-1과 같다.

표 4-1 계면활성제의 소수성기와 친수성기

원자단	종 류
소수성기	알킬기, 알켄일기, 페닐기, 알킬페닐기, 나프틸기
친수성기	$-CO_2^-$, $-O-SO_3^-$, $-O-$, $-OH$, $-COOH$, $-NH_3^+$, $\leftarrow CH_2-CH_2-O-)_n \rightarrow$

계면활성제의 주된 성질은 표면장력을 낮추는 침투성, 고체의 오염인자 주위에 계면활성 분자가 둘러싸고 미세하게 분산시키는 분산성, 기름의 입자가 액중에 작게 흩어지는 유화성, 일단 제거된 오염이 다시 섬유표면에 부착되지 않게 하는 재부착 방지성 등의 작용이 있다.

계면활성제는 물에 녹였을 때 계면활성부가 양이온인가, 음이온인가 혹은 비이온성인가에 따라 양이온성, 음이온성, 양쪽성, 비이온성 계면활성제로 나누고 있다.

현재 계면활성제로 사용되고 있는 주성분 중에서 곧은 사슬형 알킬벤젠 설폰산나트륨(linear sodium alkylbenzene sulfonate, LAS)이 합성세제의 주된 원료이다. 이것은 미생물에 분해되기 쉬운 음이온성 계면활성제이다. 합성세제의 약 65~70%가 음이온성 계면활성제이다.

3. 실험기구 및 시약

1) 기구 : 비커, 물중탕, 뷰렛, 온도계, 리트머스시험지, 비누틀(mold)
2) 시약 : 로릴알코올[$(CH_3)(CH_2)_{11}OH$], 1-도데케인올[$(CH_3)(CH_2)_{11}OH$], 황산(H_2SO_4), 탄산나트륨(Na_2CO_3)

4. 실험방법

① 비커에 로릴알코올 30g을 넣고 진한 황산 20mL를 뷰렛으로 천천히 적가한다.
② 이 때 비커를 물중탕에서 냉각하면서 30℃ 이내의 온도로 유지시킨다.
③ 진한 황산이 17mL 정도 들어갔을 때 냉각시킨 후 탄산나트륨(Na_2CO_3)으로 중화하고, 거품이 없어질 때까지 나머지를 첨가하면서 저어준다.
④ 탄산나트륨으로 정확히 중화시킨다. 중화는 리트머스시험지로 확인한다. 정확하게 중화되었으면 세제를 틀에 부어 건조시킨다.

PROBLEMS

1) 실험장치의 개략도를 그리고, 실험과정을 관찰하여 화학 및 물리적 현상을 기록하시오.

2) 1-도데케인올(1-dodecanol)과 진한 황산의 비누화반응을 적으시오.

3) (2)에서 생긴 1-dodecanol 황산에스터를 탄산나트륨으로 중화시키는 반응식을 적으시오.

4) 생성된 합성세제의 거품상태를 시판되는 세제와 비교검토 하시오.

실험 4-18 비누 제조

1. 목적

유지의 비누화반응과 염석에 의한 물질의 분리법 등을 익히고 비누 제조법을 습득한다.

2. 관련지식

지방(fat)이나 기름(oil)은 일반적으로 탄소수가 많은 고급지방산($C_nH_{2n+1}COOH$)인 스테아르산(stearic acid, $C_{17}H_{35}COOH$), 팔미트산(palmitic acid, $C_{15}H_{31}COOH$), 올레산[oleic acid, $CH_3(CH_2)_7CH=CH(CH_2)_7COOH$] 등과 글리세롤[glycerol, $CH_2(OH)CH(OH)CH_2(OH)$]과의 에스터(ester) 혼합물이다. 올레산과 같은 불포화 지방산을 많이 포함하고 있는 유지는 녹는점이 낮다. 즉, 실온에서 고체인 지방은 불포화 지방산의 비율이 낮고, 실온에서 액체인 기름은 이 비율이 높다.

지방산의 글리세롤 에스터는 트라이글리세롤(triglycerol) 또는 트라이글리세라이드(triglyceride)라 부른다. 지방과 기름을 유지(fat and oil)라 하며, 이것은 천연의 트라이글리세라이드 혼합물이며 지질(lipid)이라 부른다. 유지를 가수분해하면 지방산(fatty acid)이라고 하는 긴 탄화수소 사슬을 가진 카복실산과 글리세롤이 얻어진다.

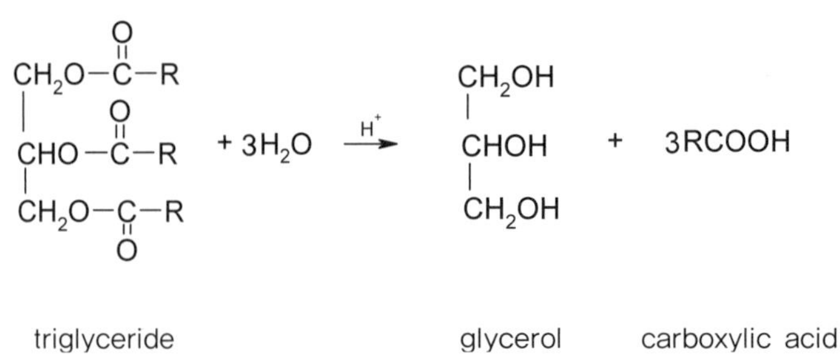

유지는 지방산의 글리세롤 에스터로 이것을 염기성 촉매 하에서 가수분해하면 글리세롤과 카복실산염(보통 Na 혹은 K염)이 생성되고, 이 반응을 비누화반응(saponification)이라 한다.

고급 지방산의 금속염이 비누(soap)이며 금속의 종류에 따라 용도가 다르다. 지방산나트륨

비누는 일반가정에서 세숫비누나 빨래비누로 주로 쓰인다.

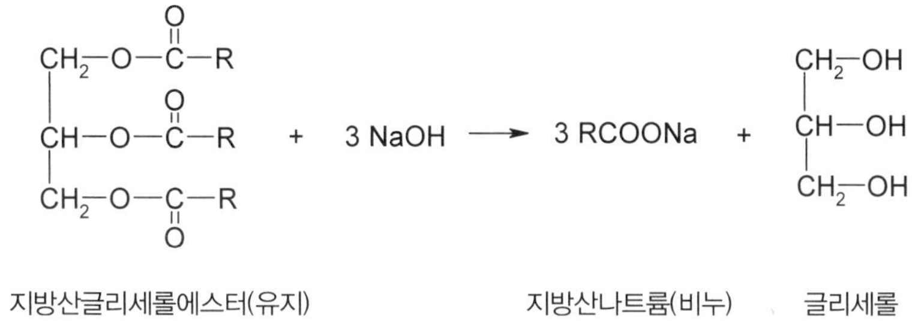

비누를 만들 때에 사용하는 유지의 종류에 따라 NaOH의 양이 중요하며 이들의 양적 관계를 **비누화가**(saponification value)라 하고 이를 측정할 필요가 있다. 즉, 유지 1g을 비누화하는데 필요한 KOH의 mg수를 비누화가라 하며, 적용범위는 건성유와 에스터를 제외한 일반 유지에 적용된다.

$$\mathrm{NaOH(mg)} = \text{비누화가} \times \frac{\mathrm{NaOH\ \ MW\,(40)}}{\mathrm{KOH\ \ MW\,(56)}} = \text{비누화가} \times 0.714$$

비누 원료로 사용되는 유지는 비누화값이 높은 것이 좋다. 유지의 지방산의 알킬기가 작을수록 비누화값은 크다. 또 같은 탄소수의 알킬기에는 이중결합이 많을수록 비누화값이 크다. 비누화값이 낮은 것은 불검화물이 많거나 또는 고급지방산 glyceride가 존재한다는 것을 나타내며 높은 것은 저급지방산이 많고 비누화도 잘 된다. 예를 들면 야자유, 올리브유, 버터 같은 것은 비누화값이 높아서 비누화가 잘 된다. 보통 비누제조에는 비누화값이 높은 것과 낮은 것을 혼합하여 사용한다.

NaOH로서 비누화할 때 처음에는 비교적 묽은 농도로서 조금씩 첨가하여 유지를 에멀젼화시켜 반응이 일어나기 쉽게 한다. 또 알코올을 소량 첨가하면 유지는 먼저 알코올의 에스터가 되어 알코올에 잘 녹으므로 수산화나트륨과 반응하기 쉽게 된다. 반응온도는 80~90℃ 정도이다. 반응 도중에 내용물이 풀 모양으로 엉겨서 반응이 잘 진행되지 않을 때는 소량의 물이나 알코올을 가한다. 생성된 지방산의 나트륨염과 글리세롤은 균일하게 섞여 있지만 소금을 넣고 가열하면 나트륨염은 두부 같은 모양에서 점차 불투명한 덩어리로 되어서 액 표면에 떠오른다. 이것을 냉각시켜 위층의 비누를 분리한다.

3. 실험기구 및 시약

(1) 기구 : 비커, 가열기, 물중탕(water bath), 환류냉각기(reflux condenser), 뷰렛, 피펫, 유리막대, 시계접시(watch glass), 여과지, 메스실린더

(2) 약품 : 유지(혹은 식용유), 수산화칼륨(KOH), 에탄올(C_2H_5OH), 페놀프탈레인 지시약, 염산(HCl), 수산화나트륨(NaOH), 염화나트륨(NaCl)

4. 실험방법

(1) 비누화가 결정

① 유지 1.5～2g을 정확히 달아서 300mL 삼각플라스크에 넣는다.

② 0.5N KOH-에탄올용액 25mL를 첨가한다.

※ 0.5N KOH-에탄올용액 제법
28g의 KOH를 95%에탄올을 가해서 1,000mL로 만든다.

③ 환류냉각기를 장치하여 물중탕에서 천천히 80℃ 정도로 30～40분 동안 교반하면서 가열한다.

④ 비누화반응이 끝나면 소량의 에탄올로 냉각기 기벽을 씻은 후 냉각기를 제거하고, 플라스크를 찬물로 식힌다.

⑤ 페놀프탈레인(phenolphthalein) 지시약 2～3방울을 넣고 0.5N-HCl표준용액으로 중화적정하여 무색이 되었을 때를 종말점(엷은 분홍색 → 무색)으로 하여 적정량(b)을 구한다.

⑥ 유지를 제외한 동일한 용액을 똑같은 방법으로 바탕시험을 행하여 적정량(a)을 구한다.

⑦ 다음 식으로 비누화가를 계산한다.

$$\text{비누화가} = \frac{28.05(a-b)f}{c}$$

여기서, a : 바탕시험의 0.5N-HCl의 소비량(mL) (=25.03mL)
b : 본시험의 0.5N-HCl의 소비량(mL)
c : 시료의 채취량(g)
f : 0.5N-HCl의 농도계수(factor)
28.05 : (= 56.1 × 0.5, KOH 분자량 = 56.1, 0.5N)

⑧ 비누화값으로부터 그 유지를 비누화하는데 필요한 NaOH의 양을 구한다.

NaOH(mg) = 비누화가 × 0.714

참고

비누화값에서 구한 NaOH 양보다 적은 양이 들어가면 비누화가 덜 되어 완성된 비누에 오일 성분이 남아 있게 되어 비누가 물러지거나 산폐가 되기 쉽다. 반대로 적정량보다 많은 NaOH 양이 들어가면 비누화되지 않은 수산화나트륨으로 인해 비누가 중성이 되지 못하고 알칼리성을 띠게 된다.

참고 0.5N HCl 용액 만들기

0.5N HCl = 0.5eq/L = 0.5eq/L× 36.5g/eq = 18.25 g HCl [eq = 당량(equivalent)]
따라서, 염산 18.25g을 취하여 1L로 만들면 된다.
진한염산 시약은 100% HCl이 아닌 HCl+H_2O로 이루어져 있고, 보통 36%(w/w) 농도를 사용한다(시약병에서 정확한 %농도를 확인해야 됨).
즉, conc-HCl(36%, d = 1.18 g/cm^3)시약으로 HCl의 양 18.25g을 취하려면, 그리고 액체라서 무게(g)가 아닌 부피(mL)로 잰다면, 밀도 공식을 적용하여
18.25g/(1.18g/cm^3 × 0.36) = 42.96cm^3 = 42.96mL
즉, 진한염산 42.96mL를 취하여 물을 채워 1,000mL로 만들면 이 용액이 0.5N-HCl 용액이 된다(용액의 양이 너무 많을 경우에는 위 계산한 양의 1/4로 줄여서 만든다).

(2) 비누제조

① 유지 50g(혹은 식용유 50g)을 200mL 비커에 넣는다.
② (1)의 비누화값에서 구한 NaOH 필요량을 물 20mL에 녹여 만든 용액을 반으로 나눈다. 용액의 반을 물로 2배로 희석한 용액을 서서히 가하고 유리봉으로 교반하면서 물중탕에서 70～80℃로 30분간 가열한다. 이때 물의 증발을 막기 위해서 시계접시로 덮어 준다.
③ 남은 NaOH용액을 모두 가하여 1시간 동안 계속 가열하여 비누화반응을 완결시킨다. 용액이 굳어져 교반이 어려울 때에는 물을 소량 가한다.
④ (필요하면 비누화반응이 완결되었는지 조사한다)

⑤ 비누화반응이 끝난 비누는 글리세롤(glycerol)을 분리하기 위하여 포화 NaCl용액 40mL를 몇 번에 나누어서 가하여 5~6분씩 가열하면 비누가 염석되어 위에 뜨게 되고 글리세롤은 아래층에 분리된다.

⑥ 비커를 식힌 후 여과지로 위로 뜬 비누를 분리한다.

⑦ 비누를 물로 가볍게 잘 씻는다.

⑧ 이것을 가온하여 원하는 모양의 틀에 부어서 굳히면 비누가 된다.
필요에 따라 적절한 향료를 넣어서 비누를 만든다.

(3) 비누화의 완결조사

① 유리막대 끝에 찍어 올릴 때 실모양으로 늘어난다.

② 손끝으로 문지르면 미끄럽고 엷은 막이 생긴다.

③ 투명하고 균일한 풀 모양이다.

④ 비누 소량을 알코올에 넣으면 완전히 녹는 것이 좋다.

PROBLEMS

1) 유지가 알칼리와 비누화반응해서 지방산나트륨과 글리세린을 생성하는 화학반응식을 쓰시오.

2) 스테아르산을 비누화할 때의 반응식을 적으시오.

3) 비누를 만들 때 알코올을 가하는 이유는?

4) 반응잔액에서 글리세린을 제거하는 방법을 설명하시오.

5) 지방산은 물과 알코올에 용해하는가?

6) 사용한 유지의 비누화값을 구하시요.

7) 좋은 비누의 품질 검사법을 설명하시오.

8) 폐식용유를 이용하여 비누를 만드는 법을 연구하시오.

폐식용유를 이용한 재생비누 만들기

각 가정에서 튀김요리 등으로 사용하고 난 폐식용유는 대부분 하수구에 그대로 버리기 쉬운데, 이 폐식용유가 흘러 들어가면 미생물의 활동을 저해시켜 정화능력을 떨어뜨리고 수질을 오염시킨다. 따라서 식당이나 가정에서 사용한 폐식용유를 모아서 재활용비누를 만들어 쓴다면 경제적일 뿐만 아니라 폐유를 하수구에 버림으로써 생길 수 있는 수질오염을 방지할 수 있다. 또한 재생비누는 인공첨가물(형광표백제, 표백제, 보강제)이 들어가지 않아 피부보호에 좋을 뿐 아니라 가격도 저렴하다.

(1) 재료

폐식용유 300mL, NaOH, NaCl

(2) 제법

① 물 50mL에 수산화나트륨(가성소다, NaOH) 40g을 넣어 용해시킨다.
열과 냄새가 나므로 면장갑과 마스크를 착용한다.
이때 NaOH의 양은 대략적인 양으로, 정확한 양을 계산하려면 위 실험에서와 같이 폐식용유에 대한 비누화값을 실험하여 계산하면 된다.

② 찌꺼기를 걸러낸 폐식용유 300mL를 1L 비커(혹은 스테인리스 용기)에 넣고 NaOH 용액을 서서히 가하고 막대기로 저으면서 70~80℃에서 30~40분간 가열한다.
적갈색의 폐식용유는 NaOH용액이 섞이면 흑갈색으로 바뀐다. 이때 비누화가 진행되어 열이 나며, 시간이 지남에 따라 막대기로 젓기가 힘들어지게 되나 계속하여 저어준다. 저을 때는 한쪽 방향으로만 저어주는 것이 좋다.

③ 비누화가 완결되면 필요에 따라 포화소금물 50mL 정도를 몇 번에 걸쳐 넣고 가열한다.

④ 비누를 가볍게 물로 씻는다.

⑤ 비누를 가온하여 적당한 그릇(상자)에 비누를 붓고 굳힌다.

가정에서 비누 베이스(soap base)를 이용한 기능성비누 만들기

앞에서 제조한 비누 베이스(soap base)를 이용하여 여러 가지의 응용된 기능성을 가진 비누를 제조할 수 있다. 비누 베이스와 각종 추출물 및 향료 등을 첨가하는 녹여붓기 방법(melt & pour process, MP법)으로 원하는 비누를 자유자재로 만들 수 있다. 현재 시중에서(인터넷 등) 비누 베이스를 쉽게 구할 수 있고 각종 첨가제도 값싸게 구할 수 있어 이러한 비누(천연비누라고 칭하기도 함) 만들기가 많이 응용되고 있다. 그러나 이렇게 만드는 비누를 순수한 천연비누라고 할 수는 없고, 또한 전문적인 기능성을 가진 비누를 제조하기에는 부족하다. 그렇지만 유지와 수산화나트륨과 같은 시약 및 다소의 기구가 필요한 비누 베이스 만들기는 우리가 시중에서 일반적으로 행하기에는 그리 쉬운 일은 아니다. 따라서 시판되는 비누 베이스를 장만하고 마음에 드는 향과 색상을 가진 맞춤식 비누를 제조할 수 있는 장점이 있어 이 방법이 널리 이용되고 있는 실정이다.

다음은 MP법에 의한 기능성 비누를 만드는 간단한 예를 보여주고 있다.

① 적당량의 비누 베이스를 비커에 넣고 물중탕에서 녹인다.

② 저어주면서 fragrance 오일(향만 내는 기름), 색소, 글리세린, 비타민 E를 넣고 잘 섞는다. 이때 베이스 비누 100g 기준으로 향 오일, 글리세린, 비타민 E, 에센셜 오일은 약 1% 정도로 한다.

또는 원하는 추출물(녹차, 인삼 등)을 넣어 기능 및 향을 내는 기능을 부여하기도 한다.

③ 기능에 맞는 에센셜 오일(essential oil)을 넣고 식힌다.

④ 원하는 모양의 틀에 비누를 부어 굳힌다.

05 고분자 합성실험

실험 5-1 나일론610(Nylon 610)

실험 5-2 나일론6(Nylon 6)

실험 5-3 페놀수지(Phenol formaldehyde resin)

실험 5-4 폴리메타크릴산메틸 [Poly(methyl methacrylate), PMMA]

실험 5-5 폴리스타이렌(Polystyrene, PS)

실험 5-6 폴리아세트산바이닐(Polyvinyl acetate, PVA)

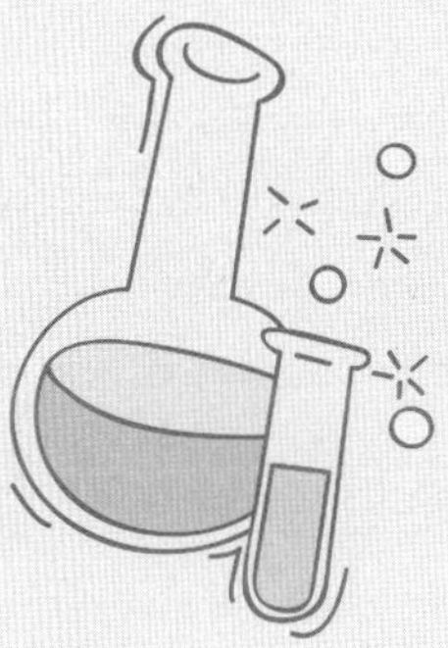

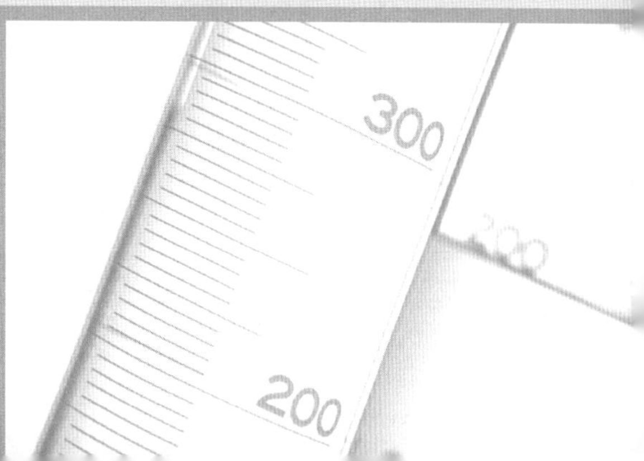

실험노트

실험 No.	학 번	성 명	실험일자	검 인
실험제목				

1) **실험목적**

2) **관련이론**

3) **사용하는 실험기구**

4) **사용하는 화합물의 종류 및 특성**

시약명	구조식 (혹은 분자식)	사용량 (g, mL)	농도% (혹은 순도%)	특 징

(주1) 반응시약, 용매에 사용되는 화합물뿐만 아니라 생성되는 화합물도 함께 적는다.
(주2) 물성(농도, 밀도 등)은 시약병에 있는 수치를 우선으로 하고 없는 경우에는 문헌값을 활용한다.

5) **실험방법**(flowchart)

6) **실험결과 자료**

7) **검토 및 분석**

8) **참고문헌**

실험 5-1 나일론610(Nylon 610)

1. 목적

나일론은 공업적으로 가장 널리 사용되는 엔지니어링 플라스틱으로서 실험실에서 nylon 610을 합성하여 고분자화합물의 합성법을 익힌다.

2. 관련지식

나일론(nylon)은 아마이드기(-CONH-)기로 이루어진 지방족 폴리아마이드[3] (aliphatic polyamide) 고분자로서 중요한 엔지니어링 열가소성수지이다. 폴리아마이드의 상업적인 발전은 Carothers의 공동 연구자인 Hill이 폴리아마이드의 용해물에 유리막대를 넣어 섬유를 끌어냈던 1930년대 초반부터 시작되었다. 1938년 Du Pont사는 나일론66을 제조하기 시작하였고, 독일의 Schlack은 1939년에 카프로락탐(caprolactam)으로부터 나일론6을 개발하였다. 그 외 1970년대와 1980년대에 새로운 나일론 신제품이 개발되었다. 현재 나일론66과 나일론6이 나일론 제품을 주도하고 있으며, 나일론 시장의 약 90%를 차지하고 있다. 나일론수지의 주요 최종 용도는 가구, 의류, 타이어 코드(tire cord) 등이다.

나일론의 합성방법은 다음과 같다.

① 다이카복실산(dicarboxylic acid) 또는 염화다이산(carboxyl dichloride)과 다이아민(diamine)의 축합중합(예 : 나일론66, 나일론610)
② 락탐(lactam)의 고리열림중합(예 : 나일론6, 나일론12)
③ 아미노산(amino acid)의 중축합(예 : 나일론11)

단량체(monomer)들의 결합시에 물이나 알코올과 같은 작은 분자가 제거되는 고분자 합성 반응을 축합중합(condensation)이라 한다. 이러한 축합중합체는 다이아민과 다이카복실산을 높은 온도에서 오랜 시간 반응시켜야 만들 수 있으나 반응성이 큰 산염화물(RCOCl)이 실온에서 아민(RNH_2)과 쉽게 반응하여 아마이드(RCONHR′)를 만드는 반응(Schotten-Baumann re-

---

3) 아마이드(amide)의 일반식 : $RCONH_2$, $ArCONH_2$ [R=알킬기(alkyl group), Ar=방향족기(aryl group)]

action)을 이용하면 낮은 온도에서 쉽게 합성할 수 있다. 나일론610은 헥사메틸렌다이아민(hexamethylene diamine, hexane-1,6-diamine)과 염화세바코일(sebacoyl chloride, sebacoyl dichloride)과의 축합중합에 의하여 다음과 같이 합성된다.

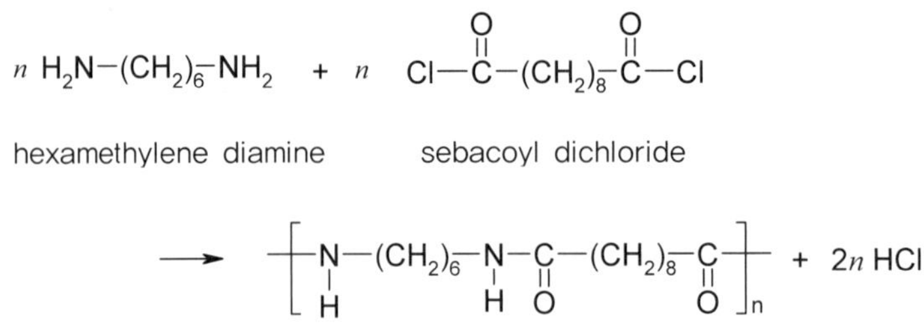

poly (hexamethylene diamine sebacamide) (nylon 610)

헥사메틸렌다이아민을 물에 녹이고 염화세바코일은 물과 섞이지 않는 용매(CCl_4 등)에 녹여 접촉시킴으로써 두 용액의 경계면에서 중합반응이 일어난다. 이러한 중합반응을 계면중합(interfacial polymerization)이라 한다. 이 계면에서 생긴 중합체(나일론)의 필름을 집게로 집어 올리면 필름이 제거됨과 동시에, 그 계면에 새로운 중합체가 계속 생겨나게 되는 연속반응으로 인하여 끈이나 실모양의 고분자 중합체를 만들 수 있다. 또 섞이지 않는 두 용액을 혼합기를 사용하여 세게 섞어주면 두 경계면의 접촉면이 넓어져 짧은 시간에 중합체를 많이 만들 수 있다. 그러나 이 방법에 의한 나일론 제조는 산염화물이 비싸기 때문에 공업적으로는 잘 사용되지 않는다.

참고 Nylon의 명명법

Du Pont사에서 처음 제조된 지방족 폴리아마이드인 nylon은 축합중합에 사용된 단량체 중 아민(diamine)을 먼저 부르고 카복실산(dicarboxylic acid)을 나중에 부르며, 이때 각 단량체가 가진 C-원자의 숫자를 붙여준다.

- poly (hexamethylene diamine adipamide) → nylon 66
- poly (hexamethylene diamine sebacamide) → nylon 610
- polycaprolactam → nylon 6

3. 실험기구 및 시약

(1) 기구 : 비커, 유리막대, 핀셋, 피펫, 메스실린더, 건조기

(2) 약품 : 헥사메틸렌다이아민[$NH_2(CH_2)_6NH_2$], 염화세바코일[$ClOC(CH_2)_8COCl$], 수산화나트륨(NaOH), 사염화탄소(CCl_4)(혹은 n-헥산)

4. 실험방법

① A액(다이아민수용액) : 헥사메틸렌다이아민(hexamethylenediamine) 1.0g을 증류수 50 mL에 녹이고 여기에 수산화나트륨(NaOH) 0.5g을 용해시킨다.

② B액(이산염화물-사염화탄소 용액) : 염화세바코일(sebacoyl dichloride) 1.2g을 사염화탄소(tetrachloroethylene)[4] 60mL에 녹인다.

③ 300mL 비커에 먼저 B액을 취하고, 여기에 주의하면서 비커의 기벽을 따라 A액을 서로 섞이지 않도록 서서히 붓는다.

④ 이 두 A, B액은 매체(A : H_2O, B : CCl_4)의 비중차에 의하여 서로 분리되며, 접촉되는 분리 경계면에서 계면중합반응에 의해 나일론 필름이 생성된다.

⑤ 생성된 나일론 필름을 핀셋으로 조심스럽게 끌어올려 유리막대에 감는다.
유리막대를 돌리면서 계면에서 생성된 필름을 끌어올리면 계면에서 반응이 계속되므로 나일론 끈을 연속적으로 얻을 수 있다.

⑥ 중합체가 생성되지 않을 때까지 유리막대로 나일론끈을 감아올린다.

(주) 반응용액에 메틸레드 또는 페놀프탈레인 등을 한두 방울 첨가하면 착색된 나일론을 얻을 수 있다.

⑦ 생성된 나일론을 물로 충분히 씻는다.
필요하면 메탄올(또는 아세톤)수용액(1 : 1)으로 세척한다.

⑧ 나일론을 거르고 건조시킨다.

4) 사염화탄소 대신에 n-헥산을 사용할 수도 있다.

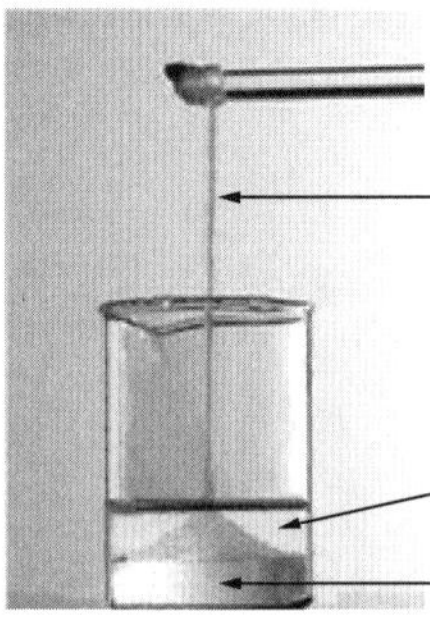

그림 5-1 나일론끈의 제조

참고 나일론의 주요 성질 및 용도

- 나일론의 주요 특성은 강인성, 내구성, 내마모성, 내화학성, 가공의 용이성이다.
- 가구, 의류, 타이어 코드에 주로 사용된다.
- 나일론 필름은 식품이나 의약품의 포장용으로 쓰이고 단섬유는 브러시, 가발, 수술용 봉합선, 낚싯줄, 의류 등에 사용된다.
- 보강된 나일론은 금속보다 더 높은 장력과 충격강도, 낮은 팽창계수를 나타내어 금속 대체물질로 기어, 캠, 베어링 등에 사용된다.

※ 주의사항

- 사염화탄소와 염화세바코일은 독성물질이므로 증기의 흡입 및 피부접촉을 피한다.
- 합성된 나일론은 반응하지 않은 출발물질을 포함하고 있으므로 충분히 세척하기 전까지는 손으로 만지지 않는다.

PROBLEMS

1) 이 실험에서와 같이 계면에서 중합이 일어나는 계면중합에 대하여 설명하시오.

2) 나일론 다음의 숫자는 무엇을 나타내는가?

3) 나일론66, 나일론11, 나일론12의 제법(합성법)과 중합반응식을 적으시오.

4) 나일론의 주요 용도는?

5) 우리나라에서 나일론을 제조하는 회사 및 생산량을 조사해 보시오.

6) 제조한 나일론의 녹는점을 측정하시오[문헌값 m.p.=228℃(분해)].

실험 5-2 나일론6(Nylon 6)

1. 목적

ε-caprolactam의 고리열림중합으로 합성되는 나일론6의 제조원리를 이해한다.

2. 관련지식

나일론6(nylon 6)은 아미노산(amino acid)의 중축합으로 혹은 락탐(lactam)의 고리열림 중합에 의해서 형성된 폴리아마이드(polyamide) 화합물이다. 락탐이란 아미노카복실산에서 물 분자가 제거되어 생성되는 고리형 아마이드(cyclic amide)를 말한다. 나일론6(m.p. 215℃)은 나일론66(m.p. 265℃)보다 융점이 낮고 성형이 쉬우며, 온수에 의해 수축이 심하고, 잡아당기는 강도는 작기 때문에 섬유로는 가치가 없다. 나일론이 가지고 있는 특성인 강인성, 내마멸성, 진동 흡수성 및 내유성 등을 살려서 자동차, 기계, 건재, 전기부품, 의약용품 및 가정용품 등에 광범위하게 사용되며 나일론66과 함께 나일론 제품을 주도하고 있다.

고리열림중합(ring-opening polymerization)은 ε-카프로락탐(ε-caprolactam)과 같은 헤테로 원자(O, N, S, P 등)를 적어도 1개 이상 가지고 있는 고리 화합물이 적당한 조건에서 고리가 열림으로써 선형 고분자가 되는 반응이다. 개환중합(開環重合)이라고도 한다. 가장 중요한 고리열림중합은 나일론6 제조에 사용되는 ε-카프로락탐의 고리열림 중합반응이다. 나일론6은 ε-카프로락탐을 소량의 물과 함께 개환중합으로 제조된다. 중합은 우선 물과 혼합되고 락탐이 개환되어 ω-아미노산이 만들어진다. 형성된 아미노산은 자체 또는 카프로락탐과 250~280℃에서 반응하여 중합체를 형성한다.

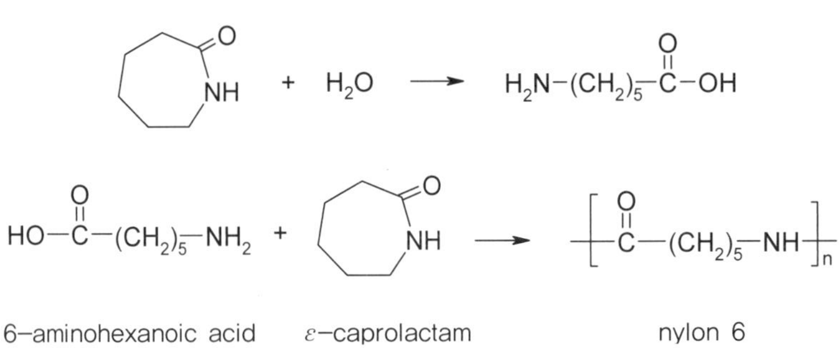

3. 실험기구 및 시약

(1) 기구 : 둥근바닥 플라스크(300mL), 공기냉각기(유리관), 분액깔때기, 염화칼슘관, 온도계, 기름중탕 , 핀셋, 메스실린더, 가열기

(2) 시약 : ε-카프로락탐(ϵ-caprolactam), 무수 탄산나트륨(Na_2CO_3), 탄산칼슘($CaCO_3$), 염산(HCl), 에틸알코올(C_2H_5OH)(또는 아세톤), 염화칼슘($CaCl_2$)

4. 실험방법

① 300mL 둥근바닥 플라스크에 건조한 ε-caprolactam 10g을 넣고 무수 탄산나트륨(Na_2CO_3) 1g을 가한다.

② 300mL 다른 둥근바닥 플라스크에 석회석(탄산칼슘, $CaCO_3$)을 넣고 분액깔때기를 연결하여 3N-HCl을 약 30mL 채운다.

③ 지름 3cm, 길이 10cm 정도의 유리관에 염화칼슘($CaCl_2$)을 넣고 양 끝을 유리솜으로 막은 다음, 가는 유리관으로 두 개의 둥근바닥 플라스크에 그림 5-2와 같이 연결한다. 이때 CO_2 기체가 통과하는 유리관은 카프로락탐액의 중간까지 연결되어 있어야 한다.

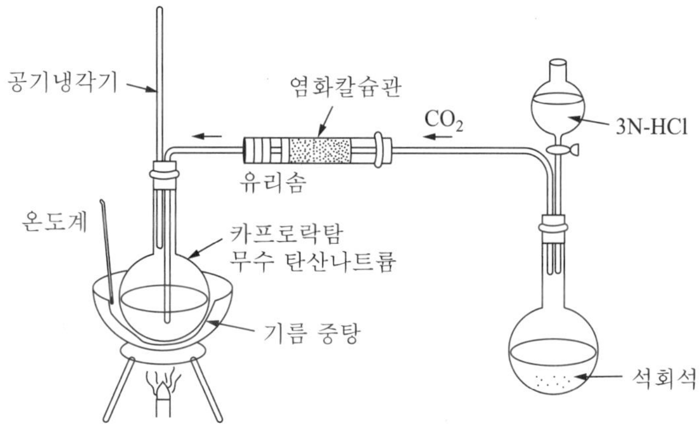

그림 5-2 Nylon 6의 제조장치

④ 카프로락탐액 플라스크에 공기냉각관(유리관)을 장치한다.

⑤ 3N-HCl을 조금씩 서서히 가한다. 이때 CO_2가스가 유리관을 통하여 카프로락탐액쪽으로 흘러 들어간다.

⑥ 기름중탕에서 끓는 기름의 온도는 250℃로 하며(용액의 온도는 20℃로 유지), CO_2가스는 천천히 가하면서 5시간 동안 반응을 진행시킨다.

⑦ 반응이 진행됨에 따라 반응액은 점차 끈적끈적하게 되며, 나일론6이 생겨난다. 이때 반응을 완결시킨다.

⑧ 뜨거운 상태에서 핀셋으로 끌어올려 실 모양이 되면 아세톤(또는 에틸알코올) 50% 수용액으로 세척한 후 건조한다.

PROBLEMS

1) 락탐(lactam)에 대하여 논하시오.

2) 제조한 나일론6의 소량을 가열해보아 열가소성인지 열경화성인지를 판별하시오. (눅진눅진해지는가? 이를 식히면 다시 굳어지는가?)

3) 생성된 나일론6의 녹는점을 측정하시오(문헌값 m.p. = 215℃).

4) 나일론610과 나일론6의 강도를 비교하시오.

실험 5-3 페놀수지(Phenol formaldehyde resin)

1. 목적

페놀과 폼알데하이드를 부가축합시켜 만드는 열경화성수지인 페놀수지의 고분자 합성법을 배운다.

2. 관련이론

Bakeland에 의해서 1907년 발명된 페놀-폼알데하이드 수지(phenol formaldehyde resin)는 페놀과 폼알데하이드의 공중합체이며, 최초로 개발된 합성수지로 베크라이트(Bakelite)라고 하여 절연체로서 상품화되었다. 합판과 주조(foundry) 핵심분야의 결합제 수지(binder resins)로 사용되지만 상당량은 성형에 사용된다.

페놀과 폼알데하이드의 중합은 알칼리 또는 산촉매에서 일어나며, 염기촉매를 사용하여 만든 것을 레솔(resol)이라 하고, 반면에 산촉매에 의해서 만들어지는 수지를 노볼락(novolac)이라 한다.

염기촉매반응의 처음단계는 폼알데하이드의 카보닐탄소에 phenoxide 음이온의 공격으로 오쏘(ortho-)와 파라(para-)치환된 methylolphenol의 혼합물이 생성되고, 두 번째 단계는 methylolphenol 사이에서 물이 제거되는 축합반응에 의해 고분자가 형성된다. 가교결합은 메

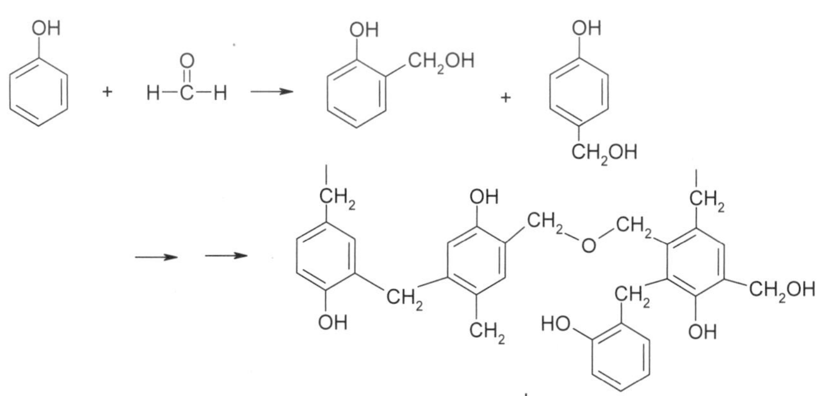

resol

틸올기(methylol group) 사이의 반응에 의해 일어나며, 그 결과 에터(ether) 가교가 형성된다. 메틸올기와 방향족고리의 반응도 일어나 메틸렌 가교가 형성된다. 분자량 100~300 정도의 물엿 상태의 고분자 물질을 레솔(resol)이라 하고, 이것에 열을 가하면 레지톨(resitol)이라는 유리모양의 묽은 고체를 거쳐 3차원 망상구조의 열경화성 페놀수지가 된다.

산촉매반응은 폼알데하이드가 친전자체로 작용하는 친전자성 치환반응이다. 페놀과 폼알데하이드의 부가반응으로 생겨난 오쏘(ortho), 파라(para)-methylolphenol은 메틸올기와 벤젠고리 사이의 축합분응으로 메틸렌 가교가 형성된다. 처음 단계에서 선형 가용성 고분자를 제조하기 위하여 페놀 : 폼알데하이드의 비는 1 : 0.8 몰비로 반응시킨다. 선상으로 분자량이 1,000 정도의 열가소성 수지를 노볼락(novolac)이라 한다. 형성된 고분자의 가교결합은 최종 단계에서 헥사메틸렌테트라민[hexamethylene tetramine (hexamine)]을 가하여 만든다. Hexamine은 소량의 습기 존재 하에서 폼알데하이드와 암모니아로 분해된다. 이것이 가교결합을 일으켜 열경화성 페놀수지를 형성한다.

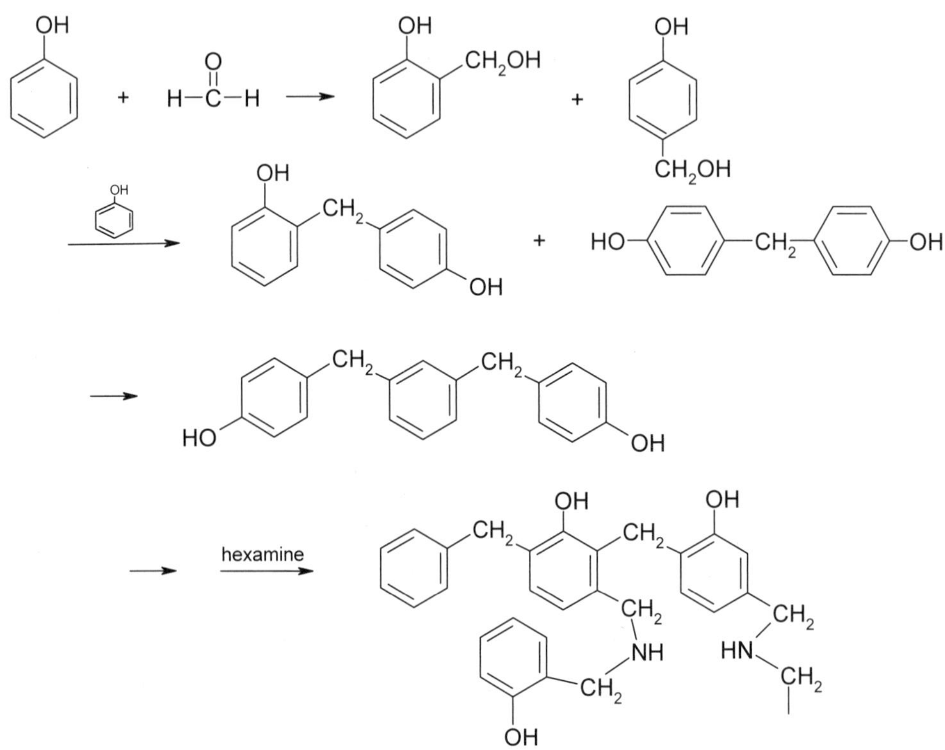

3. 실험기구 및 시약

(1) 기구 : 둥근바닥 플라스크(200mL), 환류 냉각기(reflux condenser), 분액깔때기 (separatory funnel), 물중탕(water bath), 증발접시

(2) 시약 : 페놀(phenol), 포르말린(formalin), 진한 염산(conc. HCl), 암모니아수(NH_4OH)

4. 실험방법

(1) 산촉매를 사용한 페놀수지의 합성

① 200mL 둥근바닥 플라스크(혹은 3구 플라스크)에 페놀(phenol) 20g에 36%-formalin 20g을 취한다.

② 잘 흔들면서 0.5N-HCl 5mL를 주가하여 균일한 용액을 만든다.

③ 환류냉각기를 장치하고 물중탕에서 90~95℃로 1.5~2시간 동안 잘 흔들어 주면서 반응시킨다. 이때 반응액이 유백색으로 변한다.

④ 이 혼합용액을 분액깔때기에 넣어 잘 흔든 후 약 2시간 정도 방치해두면 두 층으로 분리된다.

⑤ 밑층의 유상물질(초기축합물)을 유출시켜 증발접시에 받아서 철망 위에서 잘 교반하면서 서서히 가열하여 수분을 증발시킨다.

⑥ 가열을 계속하여 180℃ 정도가 되면 반응물은 다시 축합되어 황갈색으로 변한다.

⑦ 이것을 서서히 냉각시키면 페놀수지가 얻어진다.

(2) 알칼리촉매를 사용한 페놀수지의 합성

① 200mL 둥근바닥 플라스크(혹은 3구 플라스크)에 phenol 10g과 36%-formalin 20g을 취한다.

② 잘 흔들면서 25%-NH_4OH 2mL를 주가하여 균일한 용액을 만든다.

③ 환류냉각기를 장치하고 물중탕에서 90~98℃로 2~3시간 동안 잘 흔들어 주면서 반응시킨다.

④ 이 혼합용액을 분액깔때기에 넣어 잘 흔든 후 방치해두면 두 층으로 분리된다.

⑤ 밑층의 점도가 큰 물엿 모양의 유상물질을 증발접시에 유출시켜 받은 다음, 철망 위에서 잘 교반하면서 서서히 가열하여 130℃ 이상이 되지 않도록 하여 수분을 증발시키면 대

단히 점도가 큰 물질로 된다.

이것이 초기축합물인 레솔(resol)이다. 이 레솔은 알코올에 용해되며 일부 수용성인 액체이다.

⑥ 다음 이 레솔을 다시 가열하여 130~135℃로 유지하면 갑자기 반응이 진행된다. 그리고 약 2시간 동안 이 온도를 유지하면, 이 때 생성되는 물질이 단단한 열경화성수지로(resite라 함)이다. 이것은 용해하지도 않고 녹지도 않는 수지이다.

참고 페놀수지의주요 성질 및 용도

- 중요한 성질은 경도, 강도, 내부식성, 가수분해내성이다.
- 가격이 저렴하고 사출성형에 의한 좋은 내열성과 치수안정성 등으로 성형분야에서 페놀수지가 시장성이 가장 넓다.
- 몰딩분말, 주물제조용, 라미네이트, 프라이팬 손잡이 등에 사용된다.
- 압축성형 유리섬유 충전 페놀 디스크 브레이크 피스톤은 자동차의 강철제품을 대체하고 있다.
- 도료, 접착제, 건축물의 적층물, PC 보드, 이온교환수지 등에도 사용된다.
- Novolac 수지는 알코올, 아세톤에 용해된다.
- 녹는점 : 80~90℃

PROBLEMS

1) 부가(addition) 및 축합중합(condensation)을 설명하시오.

2) 열가소성수지와 열경화성수지의 종류를 열거하고 간략히 논하시오.

3) 합성한 수지의 녹는점을 측정하시오.

4) 제조한 수지를 아세톤에 용해시켜서 녹는지 확인하시오.

5) 실험과정을 고찰하고 결과를 검토하시오.

실험 5-4 폴리메타크릴산메틸 [Poly(methyl methacrylate), PMMA]

1. 목적

현탁중합(suspension polymerization)에 의한 poly(methyl methacrylate)의 입상 중합체를 합성하여 실험을 통한 현탁중합을 이해하고 입자상태를 살펴본다.

2. 관련이론

Poly(methyl methacrylate), PMMA는 전형적인 비닐계 단량체의 중합체로 메타크릴산메틸(methyl methacrylate)의 자유라디칼중합으로 합성하며, 이때 개시제로 과산화물이나 아조다이아이소뷰티로나이트릴(AIBN) 등을 사용하여 현탁중합법으로 합성된다.

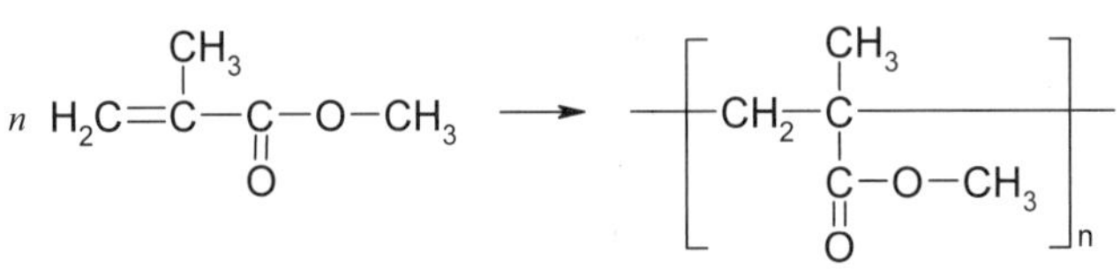

메타크릴산메틸(methyl methacrylate) 폴리메타크릴산메틸(PMMA)

현탁중합의 특징은 고중합도의 고분자 생성물을 얻을 수 있으며, 분산제나 유화제를 사용하지 않기 때문에 비교적 순도가 높은 화합물을 얻을 수 있다. 또한 중합반응이 끝난 후 중합체를 반응용기 또는 분산매와 쉽게 분리할 수 있는 특징이 있다. 이 중합법으로 얻어진 중합체는 형태가 입상(bead)이다.

PMMA는 투명한 수지로 알려져 있는 아크릴수지(acryl resin)로 시트재료(수지판)와 성형재료의 두 가지 형태가 있다. 시트재료에는 메타크릴산메틸(MMA)의 호모폴리머인 폴리메타크릴산메틸(PMMA)이 있고, 성형재료에는 메타크릴산메틸에 소량의 아크릴산에스터를 공중합시킨 공중합체로 만들어 진다.

PMMA는 무색투명하고 광선의 투과율이 좋으며, 내후성이 우수하여 조명기구 하우징, 자동차 후면등 하우징, 식품, 기계, 유아인큐베이터 등의 투명 보호상자, 단열유리, 태양광선 집열기, 장식용 판 등으로 사용된다.

원료로 사용되는 메타크릴산메틸은 저장 중에 중합이 쉽게 일어나기 때문에 하이드로퀴논(hydroquinone)과 같은 중합방지제가 1% 정도 첨가되어 있으므로 정제하여 사용하여야 한다.

3. 실험기구 및 시약

(1) 기구 : 감압증류장치, 교반기(stirrer), 환류냉각기(reflux condenser), 적하깔때기(dropping funnel), 4구 둥근바닥 플라스크(500mL), 물중탕(water bath), 비커, 메스실린더, 가열기

(2) 약품 : 메타크릴산메틸(methyl methacryate), 과산화벤조일(benzoyl peroxide), 녹말(starch)

4. 실험방법

(1) 시약의 정제

① 메타크릴산메틸(methyl methadrylatae)을 감압(100mmHg) 하에서 증류하여 끓는점이 약 44~47℃ 정도의 유출액을 취한다.

② 감압증류대신 NaCl－NaOH－H_2O를 5 : 2 : 75의 부피비율로 용액을 만들어 시료에 대하여 20% 정도 사용하여 2회 세척하고, 다시 포화식염수로 2회 세척한 후 무수 $CaCl_2$(혹은 Na_2SO_4)로 탈수하여 사용한다. 이렇게 하여 대부분의 하이드로퀴논을 제거한다.

(2) PMMA 합성

① 교반기, 환류냉각기, 온도계, 적하깔때기가 장착된 500mL 둥근바닥 4구 플라스크에 정제된 메타크릴산메틸(methyl methacrylate) 100g과 과산화벤조일(benzoyl peroxide) 10g을 용해시키고 녹말 1%를 포함하는 수용액 300mL를 넣고 300rpm으로 교반한다.

(주) 녹말수용액은 미리 냉수에 담가 부푼 것을 95℃의 물에 넣어 신속하게 용해시킨 것을 사용한다.

② 반응기를 물중탕 중에서 가열하여 80℃로 유지하고 1.5~2시간 가열하면 중합은 거의 완결된다. 반응이 진행되는 중에도 젤(gel)상의 입자가 생성되는데 교반기로 계속하여 교반하여 준다.

③ 교반을 계속하면서 30℃까지 냉각시킨 후 냉각수 100mL를 가하여 반응물을 희석시키고 교반을 중지한다.

④ 생성된 고분자 비드(bead)를 침강시켜 수용액층을 제거한 후 온수로 세척하여 고분자 표면에 부착되어 있는 안정제를 제거한다.

⑤ 천을 사용하여 거른 후 60~65℃에서 건조시킨 다음 무게를 잰다.

참고 Methyl methacrylate의 성질

- b.p. = 100.6~101.1℃
- 물(20℃)에 대한 용해도 : 1.59%

참고 PMMA 주요 성질 및 용도

- PMMA는 결정성을 가지며, 깨끗한 투명성, 뛰어난 표면강도, 좋은 내화학성, 적절한 강인성, 내후성을 지닌 수지이다.
- 열변형온도 범위 = 74~100℃
- 실용온도 = 94℃
- 유리전이온도(T_g) = 105℃
- 주용도는 간판, 안전 창유리, 디스플레이, 건축재료, 방풍유리, 조명기구 등에 사용한다.
- PMMA성형화합물은 미등과 전기제품 패널로 자동차공업에 사용된다.
- SBR(styrene-butadiene rubber)과의 블렌딩으로 내충격성이 향상된다.

PROBLEMS

1) 현탁중합(suspension polymerization)을 설명하시오.

2) 아크릴산(acrylic acid), 메타크릴산(methacrylic acid), 메타크릴산메틸(methyl methacrylate)에 대하여 물성을 조사하시오.

3) 합성된 PMMA가 현미경으로 거의 완전한 구상의 투명한 입자인지를 관찰하고, 입자경을 측정하시오.

4) 합성된 중합체의 녹는점, 유리전이온도를 측정하시오.

5) 생활 속에서 쓰이는 아크릴 수지의 용도를 조사하시오.

실험 5-5 폴리스타이렌(Polystyrene, PS)

1. 목적

스타이렌으로부터 과산화벤조일을 반응개시제로 사용하여 라디칼중합에 의해 폴리스타이렌을 합성한다.

2. 관련이론

5대 범용수지[5]의 하나인 폴리스타이렌(polystyrene, PS)은 단독으로 중합되거나 다른 단량체와 공중합체를 형성할 수 있다. 폴리스타이렌은 유기과산화물의 개시제를 사용하여 스타이렌의 라디칼중합으로 합성된다. 공업적인 제조방법은 스타이렌 단량체의 벌크중합, 유화중합 또는 현탁중합이 쓰이고 있다.

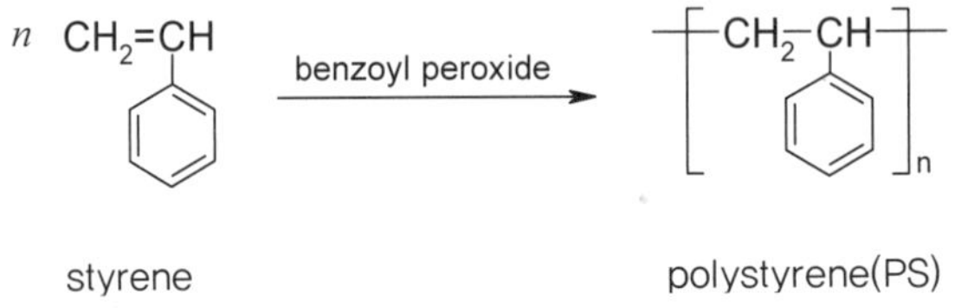

과산화벤조일(benzoyl peroxide)에 의한 라디칼중합의 개시과정은 다음과 같다.

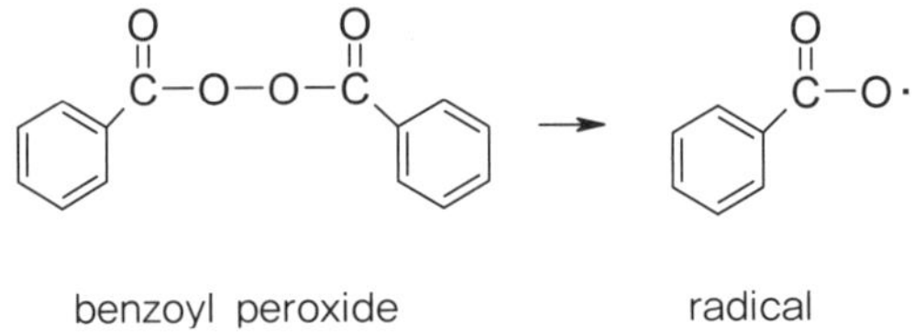

5) 5대 범용수지 : 저밀도폴리에틸렌(LDPE), 고밀도폴리에틸렌(HDPE), 폴리프로필렌(PP), 폴리염화바이닐(PVC), 폴리스타이렌(PS)

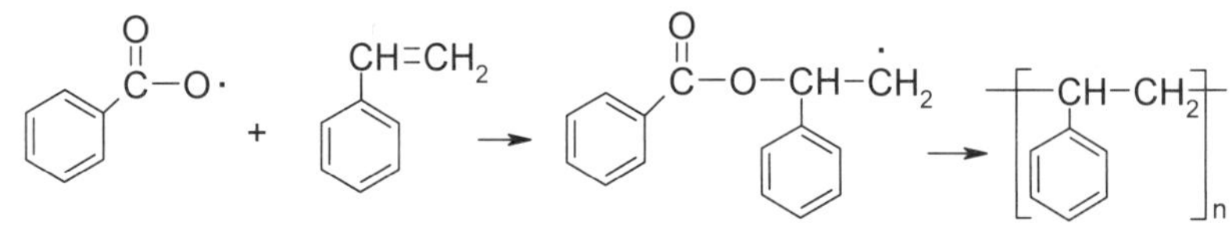

과산화벤조일(benzoyl peroxide)에 존재하는 O－O결합이 약하여 60℃ 이상에서 끊어져 2개의 벤조일옥시(benzoyloxy) 라디칼을 형성하고, 카복실 이탈반응을 일으킴으로써 생기는 phenyl 라디칼은 실제적인 개시제로서 스타이렌의 이중결합에 첨가된다.

스타이렌 단량체(styrene monomer)는 점도가 낮은 액체이지만 중합이 진행됨에 따라 점도가 증대되고 반중합체로 되며, 최종적으로 투명하고 딱딱한 중합체로 된다. 생성된 고분자는 혼성배열(atactic) 구조이다. 이 제품을 결정폴리스타이렌이라고 부른다.

3. 실험기구 및 시약

(1) 기구 : 18×150mm 시험관, 25×100mm 시험관, 삼각플라스크, 물중탕(water bath), 온도계, Hirsch깔때기, 유리막대, 피펫, 비커

(2) 시약 : 스타이렌(styrene monomer), 과산화벤조일(benzoyl peroxide), 메탄올(methanol), 톨루엔(toluene)

4. 실험방법

① 18×150mm 시험관에 피펫으로 1.0mL의 styrene(비중 0.91)을 넣고 5mL의 톨루엔(toluene)을 가하여 녹인다.

※ 주의 : Styrene에 중합방지제인 안정제가 함유되어 있는 경우에는 재증류하여 비점 145℃의 유출액을 사용한다.

② 마련된 시료와 비교하여 양을 추정하여 대략 50mg의 과산화벤조일(benzoyl peroxide)을 금속 약주걱이 아닌 유리질의 종이 위에 종이컵을 사용하여 필요한 양을 덜어내어 styrene용액에 가하고 과산화물이 녹도록 저어준다.

※ 주의 : Benzoyl peroxide는 열과 충격에 불안정하므로 조심하여 다룬다.

③ 시험관을 코르크 마개로 느슨하게 막고, 시료 용액을 70～80℃의 물중탕에서 1～2시간 가열한다.

④ 점조한 반중합체를 실온까지 방냉한 후 용액을 10mL의 메탄올(methanol)이 들어 있는 25×100mm 시험관에 옮긴다.

⑤ 혼합물을 저어 주어 벽면에 달라붙은 침전이 잘 응고되도록 하고, 혼합물을 가만히 옮기고 찌꺼기는 용매가 들어 있는 용기에 따른다.

⑥ 폴리스타이렌을 포함한 시험관에 5mL의 메탄올을 더 가하고 시험관을 정치시킨 다음 조심스럽게 흔들어 준다.

⑦ Hirsch깔때기로 polystyrene을 분리하고, 5mL의 메탄올로 시험관과 깔때기 안의 고분자를 헹군다.

⑧ 고분자 물질을 공기 중에서 건조시킨 후 무게를 잰다.

PROBLEMS

1) 라디칼중합반응에 대하여 설명하시오.

2) 폴리스타이렌의 공업적 중합방법에 대하여 조사해 보시오.

3) 폴리스타이렌의 혼성배열(atatic) 구조에 대하여 설명하시오.

4) 폴리스타이렌의 종류와 각각의 용도를 조사하시오.

5) 폴리스타이렌의 녹는점을 측정하시오.

실험 5-6 폴리아세트산바이닐(Polyvinyl acetate, PVA)

1. 목적

바이닐 단량체의 에멀젼중합의 한 예로서, 아세트산바이닐(vinyl acetate)을 유화중합시켜 polyvinyl acetate(PVA)를 합성한다.

2. 관련이론

폴리아세트산바이닐(polyvinyl acetate, PVA)의 중합방법은 벌크중합, 용액중합, 에멀젼중합, 현탁중합이 사용되나 PVA가 보통 에멀젼형태로 사용되므로 주로 에멀젼중합이 사용된다. 에멀젼중합(emulsion polymerization)은 불균일계중합의 한 방법으로서 유화중합이라고도 하며, 용매로서 물을 사용하여 중합수율이 높아 공업적으로 널리 사용된다. 에멀젼중합은 계면활성제의 작용에 의해서 물에 난용성인 단량체는 물에 용해시켜 수용성의 개시제에 의하여 중합시키는 독특한 중합을 행한다.

PVA의 전형적인 중합법은 같은 양의 아세트산바이닐(vinyl acetate)과 물을 폴리바이닐알코올이나 황산로릴과 같은 유화제와 과황산칼륨과 같은 개시제와 함께 중합한다. 아세트산바이닐의 라디칼중합에 의한 유화중합법은 다음과 같다.

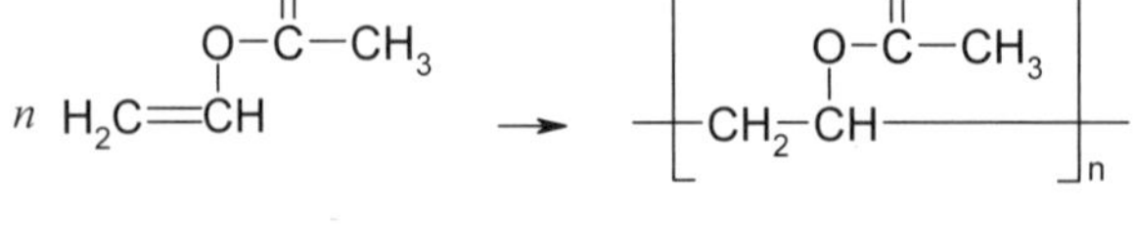

아세트산바이닐(vinyl acetate) 폴리아세트산바이닐(polyvinyl acetate)

시판되는 아세트산바이닐(vinyl acetate)은 중합억제제가 들어 있으므로 증류하여 끓는점 범위 71~73℃에서 나오는 유분을 사용한다. 본 실험에서는 개시제로 과황산암모늄 또는 과황산칼륨을 사용한다. 유화제로는 올레산나트륨(sodium oleate)을 사용한다.

3. 실험기구 및 시약

(1) 기구 : 플라스크(300mL, 3구), 가열기, 온도계, 뷰흐너 깔때기, 감압여과장치

(2) 시약 : 과황산칼륨($K_2S_2O_8$), 올레산나트륨($C_{17}H_{33}COONa$), 아세트산비닐, 염화나트륨(NaCl), 아세톤

4. 실험방법

① 과황산암모늄(potassium persulfate) 0.9g, 올레산나트륨(sodium oleate) 1.0g과 물 150mL를 반응기(3구 플라스크)에 넣고 녹인다.

② 이것을 교반하면서 정제한 아세트산바이닐(vinyl acetate) 25g을 가하고 온도 60℃에서 교반하면서 2시간 중합한다(중합이 진행됨에 따라 점성 백색의 탁한 용액이 된다).

③ 중합이 완료되면 온도를 95℃로 상승시켜 미반응의 아세트산바이닐을 유출시켜 제거한다.

④ 잔류 에멀젼액에 식염수를 가하여 생성된 중합체를 염석에 의하여 침전시킨다.

⑤ 침전물을 Buchner깔때기로 감압여과하고 충분히 물로 세척한 다음, 진공 건조하여 무게를 잰다.

⑥ 생성된 폴리아세트산바이닐을 아세톤에 녹여 25℃에서 점도를 측정한다.

참고 Polyvinyl acetate의 성질 및 용도

- 벤젠, 톨루엔, 아세톤, 메탄올, 초산에틸, 염화메틸 등에 잘 녹는다.
- 유리전이온도 T_g값이 28℃ 정도로 낮아 저온흐름성(cold flow)이다.
- 성형이나 사출용으로는 사용되지 않으나 좋은 접착성과 저온흐름성 때문에 접착제, 도료, 섬유제품 마감손질에 다량으로 사용된다.

PROBLEMS

1) 에멀전중합에 대하여 자세히 설명하시오.

2) PVA의 공업적인 제법과 용도를 조사하시오.

3) 중합도 및 평균분자량을 산출하는 법을 기술하시오.

4) 유리전이온도 T_g 및 녹는점을 측정하시오.

06 부록

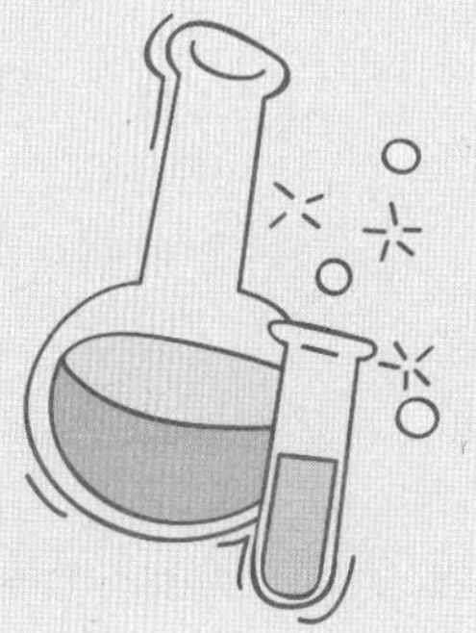

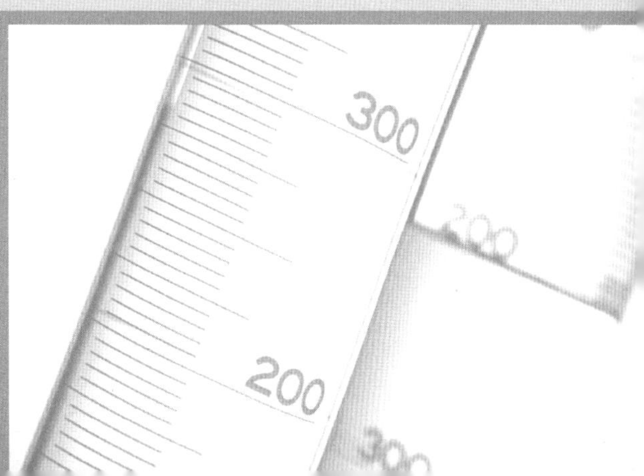

1. 원자량표(Atomic weight)

영문명	한글명	기호	원자 번호	원자량	영문명	한글명	기호	원자 번호	원자량
Aluminum	알루미늄	Al	13	26.981	Iridium	이리듐	Ir	77	192.2
Americium	아메리슘	Am	95	(243)	Iron	철	Fe	26	55.85
Antimony	안티몬	Sb	51	121.75	Krypton	크립톤	Kr	36	83.80
Argon	아르곤	Ar	18	39.984	Lanthanum	란탄	La	57	138.92
Arsenic	비소	As	33	74.921	Lead	납	Pb	82	207.21
Astatine	아스타틴	At	85	(210)	Lithium	리듐	Li	3	6.940
Barium	바륨	Ba	56	137.34	Lutetium	루테듐	Lu	71	174.99
Berkelium	버클륨	Bk	97	(247)	Magnesium	마그네슘	Mg	12	24.32
Berylium	베릴륨	Be	4	9.103	Manganese	망간	Mn	25	54.94
Bismuth	비스무트	Bi	83	209.00	Mendelecium	멘델레슘	Md	101	(256)
Boron	붕소	B	5	10.82	Mercury	수은	Hg	80	200.61
Bromine	브롬	Br	35	79.916	Molybdenum	몰리브덴	Mo	42	95.55
Cadmium	카드뮴	Cd	48	112.41	Noedymium	네오디뮴	Nd	60	144.27
Calcium	칼슘	Ca	20	40.08	Neon	네온	Ne	10	20.108
Carbon	탄소	C	6	12.011	Nickel	니켈	Ni	28	58.71
Cerium	세륨	Ce	58	1470.13	Niobium	니오븀	Nb	41	92.91
Cesium	세슘	Cs	55	132.91	Nitrogen	질소	N	7	14.008
Chlorine	염소	Cl	17	35.457	Nobelium	노벨륨	No	102	(254)
Chromium	크롬	Cr	24	52.01	Osmium	오스뮴	Os	76	190.2
Cobalt	코발트	Co	27	58.94	Oxygen	산소	O	8	16
Copper	구리	Cu	29	63.54	Palladium	팔라듐	Pd	46	106.4
Curium	퀴륨	Cm	96	(247)	Phosphorus	인	P	15	30.975
Dysprosium	디스프로슘	Dy	66	162.51	Platinum	백금	Pt	78	195.09
Einsteinium	아인시타늄	Es	99	(254)	Potassium	칼륨	K	19	39.102
Erbium	에르븀	Er	68	167.27	Selenium	셀레늄	Se	34	78.96
Europium	유로퓸	Eu	63	152.0	Silicon	규소	Si	14	28.086
Feropium	페르뮴	Fu	100	(253)	Silver	은	Ag	47	107.87
Fluorine	플루오르	F	9	19.00	Sodium	나트륨	Na	11	22.989
Francium	프란슘	Fr	87	(223)	Strontium	스트론튬	Sr	38	87.62
Gadolinium	가돌리늄	Gd	64	157.26	Sulfur	황	S	16	32.064
Gallium	갈륨	Ga	31	69.72	Tellurium	텔루륨	Te	52	127.60
Germanium	게르마늄	Ge	32	72.60	Thallum	탈륨	Tl	81	204.37
Gold	금	Au	79	197.0	Tin	주석	Sn	50	118.69
Hafnium	하프늄	Hf	72	178.50	Titanum	티타늄	Ti	22	47.90
Helium	헬륨	He	2	4.003	Tungsten	텅스텐	W	74	183.85
Holmium	홀뮴	Ho	67	164.94	Uranium	우라늄	U	92	238.09
Hydrogen	수소	H	1	1.008	Vanadium	바나듐	V	23	50.942
Indium	인듐	In	49	1147.8	Zinc	아연	Zn	30	65.37
Iodine	요오드	I	53	126.91	Zirconium	지르코늄	Zr	40	91.22

II. 산 · 염기의 농도

명 칭	분자식	분자량	%(w/w)	비중	mole/L
과염소산	$HClO_4$	100.5	70 60	1.67 1.54	11.65 9.2
뷰틸산	$C_4H_8O_2$	88.1	95	0.96	10.3
브롬화수소	HBr	80.92	48 40	1.50 1.38	8.89 6.82
사이안화수소	HCN	27.03	97 2	0.697 0.966	25.0 0.74
수산화나트륨	NaOH	40.0	50 10	1.53 1.11	19.1 2.57
수산화칼륨	KOH	56.1	50 10	1.52 1.09	13.5 1.94
아세트산(식초산)	CH_3COOH	60.05	99.5 36	1.05 1.045	17.4 6.27
아황산	H_3SO_3	82.1	6	1.02	0.74
암모니아수	NH_4OH	17.0	28	0.898	14.8
염산	HCl	36.5	36 10	1.18 1.05	11.6 2.9
요오드화수소산	HI	127.9	57 47 10	1.70 1.50 1.1	7.57 5.51 0.86
인산	H_3PO_4	98	85	1.70	14.7
젖산	$C_3H_6O_3$	90.1	85	1.2	11.3
질산	HNO_3	63.02	71 67 61	1.42 1.40 1.37	15.99 14.9 13.3
탄산나트륨	Na_2CO_3	106.0	10	1.10	1.04
폼산(개미산)	HCOOH	46.02	90 25	1.20 1.06	22.4 5.75
플루오르화수소	HF	20.01	55 50	1.167 1.155	32.1 28.8
하이드로플르오르규소산	H_2SiF_6	144.1	30	1.27	2.65
하이포아인산	H_3PO_2	66.0	50 30 10	1.25 1.13 1.04	9.47 5.14 1.57
황산	H_2SO_4	98.1	96	1.84	18.0

III. 유기용매(Organic Solvents)

용매(Solvents)	끓는점(℃)	밀도($d_4^{20°}$)	굴절률(n_D^{20})
Acetic acid glacial	118	1.049	1.372
Acetic anhydride	136	1.082	1.390
Acetone	56	0.791	1.359
Acetonitrile	82	0.782	1.344
Aniline	184	1.022	1.586
Anisole	154	0.995	1.518
Benzene	80	0.879	1.501
1- Butanol	118	0.810	1.399
2-Butanol	100	0.808	1.398
tert-Butanol	82	0.786	1.384
iso-Butanol	108	0.803	1.396
n-Butyl acetate	126	0.882	1.394
Carbon disulfide	46	1.263	1.626
Carbon tetrachloride	77	1.594	1.466
Chlorobenzene	132	1.106	1.525
Chloroform	61	1.480	1.448
Cyclohexane	61	1.480	1.448
Dichloromethane	40	1.325	1.424
Diethyl ether	35	0.714	1.353
Ethanol	78	0.791	1.361
Ethyl acetate	77	0.901	1.372
Ethylene glycol	197	1.109	1.432
Ethyl methyl ketone	80	0.806	1.380
Glycerol	290	1.260	1.475
n-Hexane	69	0.659	1.375
Methanol	65	0.792	1.329
Nitrobenzene	211	1.204	1.556
n-Pentane	36	0.626	1.358
1-Propanol	97	0.804	1.385
2-Propanol	82	0.785	1.378
Pyridine	115	0.982	1.510
Tetrahydrofuran	66	0.887	1.407
Toluene	111	0.867	1.497
Trichloroethylene	87	1.462	1.478

IV. 산 · 염기의 농도와 온도에 따른 밀도

염산(HCl)

%	0℃	10℃	20℃	40℃
20	1.1067	1.1025	1.0980	1.0888
22	1.1177	1.1131	1.1083	1.0986
24	1.1287	1.1238	1.1187	1.1183
26	1.1396	1.1344	1.1290	1.1280
28	1.1505	1.1449	1.1392	1.1376
30	1.1613	1.1553	1.1493	
32			1.1593	
34			1.1691	
36			1.1789	
38			1.1885	
40			1.1980	

질산(HNO_3)

%	0℃	15℃	20℃	25℃
60	1.3931	1.3734	1.3667	1.3600
61	1.3986	1.3787	1.3719	1.3651
62	1.4039	1.3838	1.3769	1.3700
63	1.4091	1.3888	1.3818	1.3748
64		1.3936	1.3866	1.3795
65		1.3984	1.3913	1.3841
66		1.4031	1.3959	1.3887
67		1.4077	1.4004	1.3932
68		1.4122	1.4048	1.3976
69		1.4166	1.4091	1.4019
70		1.4210	1.4134	1.4061
71		1.4252	1.4176	1.4102
72		1.4294	1.4218	1.4142

황산(H_2SO_4)

%	0℃	15℃	20℃	25℃
90	1.8361	1.8198	1.8144	1.8091
91	1.8410	1.8248	1.8195	1.8142
92	1.8453	1.8293	1.8240	1.8188
93	1.8490	1.8331	1.8279	1.8227
94	1.8520	1.8363	1.8312	1.8260
95	1.8544	1.8388	1.8337	1.8286
96	1.8560	1.8606	1.8355	1.8305
97	1.8569	1.8414	1.8364	1.8314
98	1.8567	1.8411	1.8361	1.8310
99	1.8551	1.8393	1.8342	1.8292
100	1.8517	1.8357	1.8305	1.8255

초산(CH_3COOH)

%	0℃	15℃	20℃	25℃
6	1.0106	1.0081	1.0069	1.0055
10	1.0177	1.0141	1.0125	1.0107
36	1.0571	1.0480	1.0449	1.0412
50	1.0729	1.0613	1.0575	1.0534
90	1.0865	1.0708	1.0661	1.0605
92	1.0848	1.0690	1.0643	1.0587
94	1.0826	1.0667	1.0619	1.0564
96	1.0798	1.0632	1.0588	1.0535
98	1.0759	1.0590	1.0549	1.0195
100	1.0697	1.0545	1.0498	1.0440

수산화나트륨(NaOH)

%	0℃	15℃	20℃	40℃
1	1.0124	1.01065	1.0095	1.0033
2	1.0244	1.02198	1.0207	1.0139
4	1.0482	1.04441	1.0428	1.0352
8	1.0943	1.08887	1.0869	1.0780
12	1.1399	1.13327	1.1309	1.1210
16	1.1849	1.17761	1.1751	1.1645
20	1.2296	1.22183	1.2191	1.2079
28	1.3182	1.3094	1.3064	1.2942
36	1.4030	1.3933	1.3900	1.3768
40	1.4435	1.4334	1.4300	1.4164
44	1.4825	1.4720	1.4685	1.4545
50	1.5400	1.5290	1.5253	1.5109

V. 적정용 지시약

지시약	변색범위	용액의 조제방법	비고
티몰브루(산성측) 티몰브루(알칼리성측)	적 1.2 ~ 2.8 황 황 8.0 ~ 9.6 청	0.10g + 에틸알코올(95용량%) 20mL + 물(→ 100mL)	
브롬페놀브루	황 3.0 ~ 4.6 청자	0.010g + 에틸알코올(95용량%)20mL + 물(→ 100mL)	
메틸오렌지	적 3.1 ~ 4.4 오렌지	0.10g + 물(→ 100mL)	
콘고레드	청자 3.0 ~ 5.0 적	0.10g + 물(→ 100mL)	
메틸레드	적 4.2 ~ 6.2 황	0.20g + 에틸알코올(95용량%) 90mL + 물(→ 100mL)	
브롬티몰브루	황 6.0 ~ 7.60 청	0.10g + 에틸알코올(95용량%) 20mL + 물(→ 100mL)	
페놀레드	황 6.8 ~ 8.4 적	0.10g + 에틸알코올(95용량%) 20mL + 물(→ 100mL)	
페놀프탈레인	무색 8.3 ~ 10.0 적	0.10g + 에틸알코올(95용량%) 90mL + 물(→ 100mL)	
티몰프탈레인	무색 9.3 ~ 10.5 청	0.10g + 에틸알코올(95용량%) 90mL + 물(→ 100mL)	
디페닐아민설폰산나트륨 용액		0.10g + 물(→ 100mL)	
전분용액		1g + 물 약 10mL 혼화 – 온수 (온수 20mL를 교반하면서 가한다) – 약 1분간 비등 – 냉각 – 보관	사용 시에 만든다.
프루오레세민나트륨 (우란닌)용액		0.2g + 물(→ 100mL)	
황산철(III)암모늄 (철명반)용액		10g + [초산(1 + 2) 10mL + 물 80mL]	
에리오크롬블랙T (EBT)		0.5g + 염산하이드록실아민(안정제) 4.5mL + 무수메탄올 100mL	
NANA		1g + 황산칼륨100g 유발 안에서 분쇄 혼합한다.	갈색병에 넣어 사용한다.

VI. 거름종이(filter paper)

구 분		종류	입경 (μm)	성질 및 용도
정성용	일반정성용	No. 1	6	일반적인 여과용으로 제조된 것으로서 여과속도가 빠르다. 매우 미세한 침전을 여과하는 데는 적당하지 않다.
	표준정성용	No. 2	5	종이의 두께는 No.1보다 두껍다. 여과속도도 빠르고 침전의 유지도 좋다. 정성분석용 및 공업여과용 표준품
	세 균 용	No. 101	-	성질은 No.1과 비슷하며 종이의 지면이 울퉁불퉁하다. 점성이 있는 용액 및 콜로이드 용액의 여과에 쓰인다.
	반경질정성용	No. 131	3	No.2보다 더욱 미세한 침전의 여과에 쓰인다. 종이의 질도 굳고 감압, 가압에도 잘 견딘다. 섬유의 이탈도 작고, 황산바륨 등의 여과에 사용
정량용	간이정량용	No. 3	5	섬유를 염산으로 처리하고, 증류수로 세척한 것으로서 종이는 두껍고 여과속도는 빠르다. 간단한 정량분석용으로 학생실험, 공업분석 등에 적합하다.
	신속정량용	No. 5A	7	HCl 및 HF로 이중처리를 한 것으로서 회분도 적고 여과속도도 빠르므로 입자가 거칠고 큰 침전물 여과에 적합하다.
	일반정량용	No. 5B	4	처리는 No. 5A와 같으면 여과속도, 침전의 유지, 회분 등은 A와 C의 중간으로 사용범위가 넓다.
	황산바륨용	No. 5C	1	처리는 A와 같으며 미세한 침전을 여과하는데 적당하다
	표준정량용	No. 6	3	지질은 얇고 회분은 No.5보다 작으며 침전 유지성도 좋아 표준분석용에 적합하다.
	최고급정량용	No. 7	4	지질은 가장 얇고, 종이의 질도 균일하고 섬유의 순도도 좋으며, 특히 정밀분석용에 사용
	경질거름종이	No. 4A	1	화학처리에 의해 표면을 경화시킨 것으로 종이는 질기고 가압에 견디며, 내산, 내알칼리성에서도 미세한 침전을 여과할 수 있다.
유리섬유거름종이		GF/C	1.2	부드럽고 광택이 나는 유지섬유로 만들어진 멤브레인용 기름종이

* 정성 및 정량거름종이의 내열온도(耐熱溫度)는 120℃이다.

VII. 물의 증기압과 밀도(0~35℃)

온도 (℃)	증기압, (mmHg)	밀도 ($d_4^{t°}$)	온도 (℃)	증기압, (mmHg)	밀도 ($d_4^{t°}$)
0	4.58	0.99987	18	15.38	0.99862
1	4.92	0.99993	19	16.37	0.99843
2	5.29	0.99997	20	17.41	0.99823
3	5.68	0.99999	21	18.50	0.99802
4	6.09	1.00000	22	19.66	0.99780
5	6.53	0.99999	23	20.88	0.99757
6	7.00	0.99997	24	22.18	0.99733
7	7.49	0.99993	25	23.54	0.99708
8	8.02	0.99988	26	24.99	0.99682
9	8.58	0.99981	27	25.60	0.99655
10	9.18	0.99973	28	28.10	0.99627
11	9.81	0.99963	29	29.78	0.99597
12	10.48	0.99952	30	31.55	0.99568
13	11.19	0.99940	31	33.42	0.99537
14	11.94	0.99927	32	35.37	0.99505
15	12.73	0.99913	33	37.43	0.99473
16	13.56	0.99897	34	39.59	0.99440
17	14.45	0.99880	35	41.85	0.99406

VIII. 발암물질(Carcinogens)

발암물질(carcinogen)은 암을 일으킬 수 있는 모든 물질로서 실험동물에 투여하였을 때 비교적 짧은 시일 안에 높은 비율로 암을 발생시킬 수 있는 화학물질, 방사선, 바이러스 등의 물질이다. 발암물질의 분류는 보통 국제암연구소(IARC, International Agency for Research on Cancer) 분류기준과 미국 국립보건원(NIEHS, National Institute of Environmental Health Services) 분류기준이 있다. 두 기관의 암분류 기준 및 물질이 완전히 일치하지는 않으나 거의 비슷한 유형을 가지며 두 기관에서 발표되는 발암물질이 국제적으로 인정받고 있는 것은 틀림없는 사실이다. IARC에서는 화학물질뿐만 아니라 혼합물(mixture) 및 노출환경(exposure circumstance)까지도 포함하여 발암물질을 분류하고 있는 것이 특징이다. IARC의 발암물질 분류기준은 5등급으로 다음과 같이 구분하고 있다[출처 : IARC Monographs Volumes 1-100A (www.iarc.fr), 2010년 2월].

① 그룹 1 : 인체발암물질(Group 1 : Carcinogenic to humans)

물질이 사람에 노출될 때 인체발암성에 대한 충분한 근거자료가 있는 발암물질
(sufficient evidence of carcinogenicity in humans)
예) 석면, 벤젠, 폼알데하이드, 비소 및 니켈화합물, 벤조피렌, 염화바이닐 등 108종

② 그룹 2A : 인체발암 추정물질(Group 2A : Probably carcinogenic to humans)

발암에 대한 인체자료는 제한적이지만 동물실험자료가 충분한 경우의 물질
(limited evidence of carcinogenicity in humans and sufficient evidence of carcinogenicity in experimental animals)
예) 다이메틸설페이트, 클로로하이드린, 납화합물, 트라이클로로에틸렌, PCB 등 66종

③ 그룹 2B : 인체발암 가능물질(Group 2B : Possible carcinogenic to humans)

발암에 대한 인체자료가 제한적이고 동물실험자료도 충분하지 않은 물질
(limited evidence of carcinogenicity in humans and less than sufficient evidence of carcinogenicity in experimental animals)
예) 커피, 가솔린, 클로로폼, 코발트화합물, 나이트로벤젠, 스타이렌, TDI 등 248종

④ 그룹 3 : 인체발암물질로 분류할 수 없는 물질(Group 3 : Not classifiable as to its carcinogenicity to humans)

발암에 대한 인체나 동물실험자료가 불충분한 물질
(inadequate in humans and inadequate or limited in experimental animal)
예) 멜라민, 카페인, 콜레스테롤, 염소소독 음용수, 염화알릴, 싸이클라메이트 등 515종

⑤ 그룹 4 : 인체비발암 추정물질(Group 4 : Probably not carcinogenic to humans)

발암에 대한 인체자료는 제한적이지만 동물실험자료가 충분한 증거가 있는 비발암성 물질
(limited evidence of not carcinogenicity in humans and sufficient evidence of carcinogenicity in experimental animals)
예) 카프로락탐 1종

미국 국립보건원(NIEHS)은 246종의 발암물질을 게시한 제11판 보고서(Carcinogens listed in the 11th report)를 최근에 발표하였다. NIEHS는 암의 원인이 되는 물질들을 크게 2가지로 분류하고 있다(출처 : www.niehs.nih.gov).

① 인체발암성이 있는 것으로 알려진 물질(Part A : Known to be human carcinogens)

이 물질에 사람이 노출될 때 암이 발생한다는 인과성이 사람에 대한 연구에서 충분히 입증된 물질로서 현재 58종이 목록에 등재되어 있다.

② 인체발암성이 있는 것으로 상당히 예상되는 물질(Part B : Reasonably anticipated to be human carcinogens)

사람에게 암을 일으킨다는 제한된 증거가 있거나 동물 실험에서 발암성이 충분히 증명된 물질로서 현재 188종이 등재되어 있다.

분류목록에 등재되어 있는 물질들은 사용을 규제하는 것은 아니나, 이들에 노출되거나 이들을 생산하거나 사용하는 것을 제한하도록 촉구하는 역할과 규제당국 등이 암 예방 대책을 세우는 데 유용한 길잡이로서의 역할을 하고 있다.

NIEHS 목록에 등재된 발암물질 및 발암예상물질 중에서 실험실에서 흔히 사용하고 있는 화합물에는 벤젠(benzene), 사염화탄소(carbon tetrachloride), 나이트로벤젠(nitrobenzene),

아세트알데하이드(acetaldehyde), 폼알데하이드(formaldehyde), 퓨란(furan), 페놀프탈레인(phenolphthalein), 클로로폼(chloroform), 산화에틸렌(ethylene oxide), 염화바이닐(vinyl chloride), 나프탈렌(naphthalene) 등이 있다. 그리고 생활속에서 자주 접하게 되는 물질 중에 술, 담배연기, 석면, 콜타르, 겨자가스, 목재먼지, 그리고 좀약(나프탈렌), 유리섬유, 고기나 달걀을 고온에서 굽거나 조리할 때 생기는 화합물(MeIQ, MeIQx, PhIP), 숯 검댕, 납 및 니켈 화합물, 6가크롬(Cr^{6+}), 유레탄(urethane), 에스트로젠(스테로이드), B형 및 C형 간염 바이러스, 사람 유두종 바이러스, X선과 감마선 및 중성자 등이 발암 혹은 발암예상물질로 알려져 있다. 따라서 이러한 물질을 접하거나 취급할 때는 특히 주의를 더 기울여서 할 것임을 명심해야 한다.

다음 표에 실험실 시약 및 일상생활에서 흔히 접할 수 있는 발암물질들을 발췌하여 수록하였다(Carcinogens Listed in the 11th Report, NIEHS).

실험실 및 일상생활에서 흔히 접할 수 있는 발암성 물질 목록(NIEHS, 11th report)

인체 발암물질 (총 58종 중 발췌) (Substances Known to be Human Carcinogens)	인체 발암예상물질 (총 188종 중 발췌) (Substances Anticipated to be Human Carcinogens)
Alcoholic Beverage Consumption	Acetaldehyde
4-Aminobiphenyl (4-Aminodiphenyl)	Acrylamide
Arsenic Compounds, Inorganic	Acrylonitrile
Asbestos	2-Aminoanthraquinone
Azathioprine	*o*-Aminoazotoluene
Benzene	1-Amino-2,4-dibromoanthraquinone
Benzidine	1-Amino-2-methylanthraquinone
1,3-Butadiene	Benzotrichloride
1,4-Butanediol Dimethylsulfonate	Bromodichloromethane
Cadmium and Cadmium Compounds	2,2-bis-(Bromoethyl)-1,3-propanediol
Chlorambucil	Butylated Hydroxyanisole(BHA)
1-(2-Chloroethyl)-3-(4-methylcyclohexyl)-1-nitrosourea(MeCCNU)	Carbon Tetrachloride
Chromium Hexavalent Compounds	Ceramic Fibers(Respirable Size)
Coal Tar Pitches	Chloramphenicol
Coal Tars	Chlorendic Acid
Cyclophosphamide	Chlorinated Paraffins($C1_2$, 60% Chlorine)
Cyclosporin A	Chloroform
Diethylstilbestrol	3-Chloro-2-methylpropene
Estrogens, Steroidal	Cobalt Sulfate
Ethylene Oxide	*p*-Cresidine
Hepatitis B Virus	Dacarbazine
Hepatitis C Virus	Danthron(1,8-Dihydroxyanthraquinone)
Mineral Oils	2,4-Diaminoanisole Sulfate
Mustard Gas	2,4-Diaminotoluene
2-Naphthylamine	Diazoaminobenzene
Nickel Compounds	1,2-Dibromo-3-chloropropane
Radon	1,2-Dibromoethane(Ethylene Dibromide)
Silica, Crystalline(Respirable Size)	2,3-Dibromo-1-propanol
Smokeless Tobacco	tris(2,3-Dibromopropyl) Phosphate
Solar Radiation	1,4-Dichlorobenzene
Soots	1,2-Dichloroethane
Strong Inorganic Acid Mists Containing Sulfuric Acid	Dichloromethane
Sunlamps or Sunbeds, Exposure to Ultraviolet	Diethyl Sulfate
2,3,7,8-Tetrachlorodibenzo-p-dioxin (TCDD) ;	1,1-Dimethylhydrazine
	Dimethyl Sulfate
	Dimethylvinyl Chloride

"Dioxin" Thorium Dioxide Tobacco Smoking Vinyl Chloride Ultraviolet Radiation, Broad Spectrum UV Radiation Wood Dust X-Radiation and Gamma Radiation	Epichlorohydrin Formaldehyde(Gas) Furan Glass Wool (Respirable Size) Glycidol Hexachlorobenzene Hexachloroethane Hydrazine and Hydrazine Sulfate Hydrazobenzene Isoprene Lead and Lead Compounds Naphthalene Nickel(Metallic) Nitrilotriacetic Acid *o*-Nitroanisole Nitrobenzene 2-Nitropropane Phenolphthalein Polybrominated Biphenyls(PBBs) Polychlorinated Biphenyls(PCBs) Polycyclic Aromatic Hydrocarbons(PAHs) Propylene Oxide 2,3,7,8-Tetrachlorodibenzo-p-dioxin(TCDD) Tetrachloroethylene Tetrafluoroethylene Tetranitromethane Thiourea Toluene Diisocyanate(TDI) Trichloroethylene 2,4,6-Trichlorophenol 1,2,3-Trichloropropane Ultraviolet A, B, C Radiation Urethane Vinyl Bromide Vinyl Fluoride

IX. 고분자화합물의 명명법

고분자의 명명법은 다음과 같으며, 유기화합물의 명명법보다 다소 복잡하다.

① 고분자의 명명은 관습에 따라 단량체로부터 유래되는 이름이나 상품명, IUPAC명 등이 혼용되고 있다.

② 가장 널리 쓰이는 관용명은 단량체의 이름 앞에 '폴리(poly)'를 붙여서 명명한다. 단량체가 한 단어 이상으로 되어 있거나 숫자나 문자가 있으면 접두어 poly 다음에 괄호를 사용한다.

(예) polyethylene, poly(vinyl chloride)

③ 2종류의 단량체로부터 축합되어 생성되는 축합중합체의 명명법은 고분자의 화학구조를 고려하여 두 단량체의 이름을 적절히 변형한 다음, 괄호와 함께 poly를 붙여서 명명한다.

(예) ethylene glycol과 terephthalic acid에서 얻어진 축합고분자

– poly(ethylene terephthalate)

④ 두 종류의 단량체로 구성되는 공중합체(copolymer)는 각 단량체의 이름 사이에 '-co-'를 넣어 명명한다.

(예) styrene과 methyl methacrylate로 된 공중합체

– poly(styrene-co-methyl methacrylate)

– 상업명 : MMA-styrene copolymer

공중합체의 종류에 따라

- random copolymer : poly(styrene-*ran*-methacrylate)
- alternating copolymer : poly(styrene-*alt*-methacrylate)
- block copolymer : poly(styrene-*b*-methacrylate)
- graft copolymer : poly(styrene-*g*-methacrylate)

⑤ 상품명 : polyamide → nylon(지방족 폴리아마이드를 칭함)

참고 Nylon의 명명법

Du Pont사에서 처음 제조된 지방족polyamide인 nylon은 축합중합에 사용된 단량체 중 diamine을 먼저 부르고 dicarboxylic acid를 나중에 부르며, 이때 각 단량체의 C-원자의 숫자를 붙여준다.

- poly(hexamethylene adipamide) → nylon 66
- poly(hexamethylene sebacamide) → nylon 610
- polycaprolactam → nylon 6
- polyester 섬유 → Dacron, Tetron
- polytetrafluoroethylene(PTFE) → teflon
- phenol과 formaldehyde로 된 수지 → phenol 수지

그 외 스판덱스(spandex)는 폴리에터(polyether)와 메틸렌다이페닐아이소사이아네이트(methylene diphenylisocyanate)의 축합중합으로 생긴 폴리우레탄(polyurethane) 섬유의 탄성사로 만든 제품의 상품명이다.

X. 적외선스펙트럼(IR Spectrum)

적외선스펙트럼은 주로 분자 내 원자들의 진동에 기인하는 것으로 원자들은 신축할 수 있게 되고 이 세기가 원자－원자 사이의 화학결합력에 해당하는데, 분자 내 원자들의 이와 같은 쉬지 않고 움직이는 기본진동에는 대체로 다음의 두 가지가 있다. 그 첫째는 신축진동(stgretching vibration)이고, 둘째는 굽힘진동(bending 또는 deformation vibration)이다. 신축진동이란 2개의 원자 사이의 거리를 증가 또는 감소시키는 진동으로서 이때 그들 원자는 동일한 결합축 위에 있어야 한다. 또 굽힙진동이란 원래의 결합축에 대하여 원자들의 위치가 아래위 또는 좌우로 바뀌는 진동이다.

얻어진 IR spectrum을 분석하는 것은 전문적인 지식이 필요하지만 다음과 같은 적외선 수 특성은 스펙트럼을 판독하는데 많은 도움을 준다. 스펙트럼을 몇 지역으로 나누면 다음과 같다.

- 4000～2500cm^{-1} X-H 신축지역
- 2500～2000cm^{-1} 삼중결합 신축지역
- 2000～1500cm^{-1} 이중결합 신축지역
- 1500～600cm^{-1} 지문지역(C－X 신축과 굽힘진동) (X＝할로젠원소)

1500～600cm^{-1} 범위에서의 진동을 소위 지문영역이라 하며, 여기에는 C－X 단일결합의 진동과 대부분의 굽힘진동을 포함하고 있다. 이 지역에서 나타나는 진동운동은 기본 형태의 아주 복잡한 혼합이 생길 수 있으므로 이 지역서 발견된 흡수띠는 주의해야 한다.

적외선흡수피크는 주파수의 흡수가 일어나는 영역에 따라 5가지 영역으로 나누어져 있다.

① 산소－수소 신축 영역 : 3600～2500cm^{-1}
② 삼중결합 신축영역 : 2300～2100cm^{-1}
③ 중수소 신축영역 : 2130～1940cm^{-1}
④ 이중결합 신축영역 : 1900～1550cm^{-1}
⑤ 지문영역 : 1650～500cm^{-1}

주파수(cm^{-1})	계통, 세기, 설명
I. 산소-수소 신축영역[a] : 3600~2522cm^{-1}	
3500~2500	카복실산 O-H, 하나는 강하고 폭이 넓다.
3400~3200	여러 개의 O-H 신축, 강하고 폭이 넓다. 매우 묽은 조건 하에서는 밴드가 폭이 좁고 3620cm^{-1} 쪽으로 움직인다.
3400 근처	수소결합을 하지 않는 N-H, 중간 정도의 세기, 뾰족함
3200 근처	소수결합을 한 N-H, 중간 정도의 세기, 뾰족함
3300 근처	NH_2기는 주로 약 50cm^{-1} 정도 떨어져 이중선으로 나타난다.
3095~3010	알카인 C-H 강함
3050 근처	알켄 C-H, 중간 정도의 세기
2980~2850	방향족 C-H, 변화함
2850~2750	알케인 C-H, 중간부터 강한 세기 알데하이드 C-H, 약함, 한두 개의 밴드(1~2)
II. 삼중결합 신축영역 : 2300~2100cm^{-1}	
2260~2240	콘쥬게이션 되지 않은 C≡N, 강함
2240~2210	콘쥬게이션 된 C≡N, 강함(아릴과 바이닐)
2240~2100	-C≡C-, 삼중결합 말단 아세틸렌에서는 강하고 이치환된 아세틸렌에서는 중간 정도이거나 없다.
III. 중수소 신축 : 2130~1940cm^{-1}	
2130~1940	C-D 기본적으로 사용하는 C-H 신축의 0.7
IV. 이중결합 신충영역[b] : 1900~1500cm^{-1}	
1850~1800 및 1790~1720	무수물 C=O, 둘 다 강함
1815~1750	산염화물, 강함
1800~1770	바이닐에스터, 강함
1750~1735	포화 에스터, 매우 강함
1740~1720	포화 알데하이드, 강함
1730~1715	α,β 불포화 및 아릴에스터, 강함
1725~1700	포화 카복실산, 강함
1715~1680	α,β 불포화 및 아릴 알데하이드, 강함 α,β 불포화 및 카복실산, 강함
1690~1630	아마이드, 강함 옥심, 세기가 변함

1680~1620	콘쥬게이션 되지 않은 C≡N, 강함
1630~1575	−N=O=N, 강함
V. 지문 영역[c] : 1650~500cm^{-1}	
1650~1550	N−H 굽힘, 세기가 변함
1600~1585	방향족 골격 진동, 중간세기
1500~1400	방향족 골격 진동, 중간세기
1485~1445	CH_2 굽힘, 세기가 변함
1470~1430 및 1380~1370	CH_3 굽힘, 강함
1385~1380 및 1370~1365	*gem*-다이메틸, 강함
1410~1310 및 1200 근처	페놀, 강함
1410~13010 및 1150 근처	삼차 ROH 및 ROR, 강함
1370~1335 및 1170~1155	설폰아마이드, 강함
1350~1260 및 1150 근처	2차 ROH 및 ROR, 강함
1350~260 및 1100 근처	1차 ROH 및 ROR, 강함
1350~1260	지방족 아민 C−N, 강함
1410 근처 및 1220~1020	방향족 아민 C−N, 약함
965	*trans* −CH=CH−, 강함
985 및 940	CH_2=CH−, 강함
890	CH_2=C, 강함
840~810	−CH=C, 깅함
700	*cis* −CH=CH−, 세기가 변함
750 및 690	CH_6H_5−, 매우 강함

750	*ortho* C_6H_4, 매우 강함
780~700	*meta* C_6H_4, 매우 강함
825	*para* C_6H_4, 매우 강함
800~600	C－Cl, 강함
700~500	C－Br, 강함

a 이 영역은 탄소－수소 신축(stretch)뿐만 아니라 질소－수소와 산소－수소 신축을 포함한다.

b 이 영역의 더 낮은 영역은 다음의 더 높은 영역(즉, 지문 영역)과 약간 중첩된다.

c 이 영역은 다양한 단일결합 신축뿐만 아니라 가능한 많은 C－H, O－H 및 N－H 흡수띠를 포함하고 있다. 가능한 주파수의 수가 너무 많고, 이들의 상호작용이 강해 어떤 단일 진동운동과 연결하여 특별한 흡수밴드로 해석하는 것은 의미가 없다.

참고문헌

1. 유기화학실험, 장두상, 형설출판사, 1997
2. 유기화학실험, 정광보 외 3인, 신광문화사, 2000
3. 유기화학실험, 조철형, 동화기술, 1997
4. 유기화학실험, 화학교재편찬위원회 역, 청문각, 1997
5. 유기화학실험, 김정균 외 5인역, 청문각, 1997
6. 현대유기단위공정실험, 맹기석 외 1인, 형설출판사, 1996
7. 고분자유기화학실험, 박현수 외 2인역, 학문사, 1998
8. 실험유기화학, 윤용진, 자유아카데미, 1997
9. 유기화학실험, 김종호, 형설출판사, 1997
10. 유기화학실험, 허태성, 탐구당, 1997
11. 현대유기화학, 윤능민 외 3인, 교학사, 2006
12. 유기화학, 채우기 외 2인역, 교보문고, 1996

찾아보기

마

바

사

아

자

차

카

유기합성실험

정가 15,000원

발　행 2018년 9월 10일 초판 2쇄
저　자 박정환
발행인 정우용
발행처 도서출판 동화기술
경기도 파주시 광인사길 201(문발동, 파주출판도시)
Tel (031)955-4211~6　dongwapub@nate.com
Fax (031)955-4217　www.donghwapub.co.kr
(등록) 1977년 12월 19일/9-16호

Printed in Korea

ISBN 978-89-425-1805-0